国家出版基金项目

NATIONAL PUBLICATION FOUNDATION

中央宣传部 2022 年主题出版重点出版物

林业草原国家公园融合发展

林业碳汇和碳达峰碳中和

刘家顺 | 主编

中国林业出版社

China Forestry Publishing House

图书在版编目（CIP）数据

林业草原国家公园融合发展. 林业碳汇和碳达峰碳中和 /
刘家顺主编. —北京：中国林业出版社，2023.10
中央宣传部 2022 年主题出版重点出版物

ISBN 978-7-5219-2129-8

Ⅰ. ①林… Ⅱ. ①刘… Ⅲ. ①国家公园－建设－研究
－中国 Ⅳ. ① S759.992

中国国家版本馆 CIP 数据核字（2023）第 005142 号

策　　划：刘先银　杨长峰
责任编辑：杜　娟　薛瑞琦　王思源
封面设计：北京大汉方圆数字文化传媒有限公司

———————————————————————

出版发行：中国林业出版社
　　　　　（100009，北京市西城区刘海胡同 7 号，电话 010-83143595）
电子邮箱：cfphzbs@163.com
网址：https://www.cfph.net
印刷：北京中科印刷有限公司
版次：2023 年 10 月第 1 版
印次：2023 年 10 月第 1 次
开本：787mm×1092mm　1/16
印张：16.5
字数：282 千字
定价：118.00 元

中央宣传部 2022 年主题出版重点出版物

林业草原国家公园融合发展

林业碳汇和碳达峰碳中和

编委会

主　编

刘家顺

副主编

王春峰　李金良

参编人员

（以姓氏笔画为序）

万　杰	马　琳	兰科其	刘国良	刘国林	刘德国
李艳霞	李留彬	朱建华	杜　娟	何　宇	肖　军
陈　奔	陈　健	赵庆超	赵晓晴	杨子清	杨　洋
柳　军	张文英	侯远青	栾军伟	徐　林	曹　云
窦　瑞	薛瑞琦				

代序

学好用好"六个坚持"
推动碳汇事业高质量发展 ①

学习习近平新时代中国特色社会主义思想，必须坚持学思用贯通、知信行合一，特别是深刻领会蕴含其中的马克思主义的立场、观点和方法。在思想上牢固树立"六个坚持"，在行动上始终践行"六个坚持"，对于推动碳汇事业高质量发展具有决定性意义。

坚持人民至上，充分认识碳汇事业的重要地位

森林本身具有三大效益，一是提供物质和能源的经济效益，二是有利于动植物生息繁衍的生态效益，三是有利于人身心健康的社会效益。固碳释氧作为森林生态效益的一种，在人类活动产生过多二氧化碳排放导致温室效应加剧的时代背景下突显其特殊地位。2009年6月召开的首次中央林业工作会议指出，林业在应对气候变化中具有特殊地位，应对气候变化必须发挥林业的特殊作用。习近平总书记当年在福建宁德工作时曾经指出，森林是水库、钱库、粮库。2022年3月30日，习近平总书记在参加首都义务植树活动时指出，现在应该再加上一个"碳库"；2023年参加义务植树时，习近平总书记又强调，森林是水库、钱库、粮库，也是碳库。这标志着党对新时代森林地位和作用认识的不断升华。森林碳库功能的发挥，不仅影响水源涵养和农林作物生长，关乎森林作为水库、粮库、钱库的效能，还将对整个国民经济产生不可替代的重要影响。洁净的饮水、充足的粮食、持续的

---

① 原文发表于《绿色中国》2023年第6A期二十大精神大家谈栏目，作为代序时有删减。

增收、经济的发展和国民生活品质的提高，都离不开森林的保护和可持续经营。习近平总书记在第十九届中央财经委员会第九次会议上指出：要强化国土空间规划和用途管控，有效发挥森林、草原、湿地、海洋、土壤、冻土的固碳作用。要实施大规模国土绿化行动，提高森林质量，开展生态保护修复重大工程，提升生态系统碳汇增量。要建立健全能够体现碳汇价值的生态保护补偿机制。我们要从人民立场出发，充分认识碳汇事业的重要地位，做到"国之大者"心中有数，把高质量发展碳汇事业作为职业追求，矢志不渝地履行好岗位职责。

坚持自信自立，充分认识碳汇事业发展的巨大成就

中国共产党自成立以来，把马克思主义普遍原理与中国革命、建设、改革和新时代实际结合起来，在充满内忧外患、人口规模巨大、经济基础落后的条件下带领人民创造了民族独立和人民解放、经济高速增长、政治高度清明、文化空前繁荣、社会长期稳定、生态根本好转的奇迹，实现了从站起来、富起来，再到强起来的飞跃。我们既没有走封闭僵化的老路，也没有走改旗易帜的邪路，而是走出了一条发展中国特色社会主义、实现中国式现代化的康庄大道。正如习近平总书记在党的二十大报告中指出的：党的百年奋斗成功道路是党领导人民独立自主探索开辟出来的，马克思主义的中国篇章是中国共产党人依靠自身力量实践出来的，贯穿其中的一个基本点就是中国的问题必须从中国基本国情出发，由中国人自己来解答。

习近平总书记在党的十九大报告中明确指出：我国生态文明建设成效显著。大力推进生态文明建设，全党全国贯彻绿色发展理念的自觉性和主动性显著增强，忽视生态环境保护的状况明显改变。生态文明制度体系加快形成，主体功能区制度逐步健全，国家公园体制试点积极推进。全面节约资源有效推进，能源资源消耗强度大幅下降。重大生态保护和修复工程进展顺利，森林覆盖率持续提高。生态环境治理明显加强，环境状况得到改善。引导应对气候变化国际合作，成为全球生态文明建设的重要参与者、贡献者、引领者。在党的二十大报告中，习近平总书记又指出：我们坚持绿水青山就是金山银山的理念，坚持山水林田湖草沙一体化保护和系统治理，全方位、全地域、全过程加强生态环境保护，生态环境保护发生历史性、转折性、全局性变化，我们的祖国天更蓝、山更绿、水更清。

从碳汇事业角度看，我国自 1978 年起，先后启动实施三北防护林体系建设工程、天然林资源保护工程和退耕还林还草工程，建立国家森林生态效益补偿制度，加快建设以国家公园为主体的自然保护地体系，加强森林资源管理和生物多样性保护，森林碳库得到有效保护和管理，与全球每年毁林 1000 万 hm^2 形成了鲜明对照。随着各项重点生态工程的实施和双重工程的启动实施，山水林田湖草沙系统治理能力和水平进一步提高，先后超额完成到 2010 年森林覆盖率达到 20%、到 2020 年森林面积和森林蓄积量分别比 2005 年增加 4000 万 hm^2 和 13 亿 m^3 的目标。习近平总书记在第十九届中央财经委员会第九次会议上指出：目前，我国生态系统碳汇超过 12 亿 t，其中约 80% 为森林碳汇。我们要坚持自信自立，对我国碳汇事业取得的重大成就有充分的认识，增强搞好碳汇工作的信心和决心。

坚持守正创新，全力开辟碳汇事业发展的中国道路

习近平总书记指出：我们从事的事业是前无古人的伟大事业，守正才能不迷失方向、不犯颠覆性错误，创新才能把握时代、引领时代。我们要以科学的态度对待科学、以真理的精神追求真理，坚持马克思主义基本原理不动摇，坚持党的全面领导不动摇，坚持中国特色社会主义不动摇，紧跟时代步伐，顺应实践发展，以满腔热忱对待一切新生事物，不断拓展认识的广度和深度。敢于说前人没有说过的话，敢于干前人没有干过的事，以新的理论指导新的实践。

我国在维护和加强碳库和碳汇方面均采取了行之有效的措施，如加强国土空间规划和用途管制，建设以国家公园为主体的自然保护地体系，实施重要生态系统重大保护修复工程和山水林田湖草沙系统治理工程，加强防灾减灾能力和灾后恢复重建能力建设，落实林地征用占用植被恢复责任，基于行为的支付机制等，应当继续坚持。同时，要在节能减排和固碳增汇并重、有效市场和有为政府协调、强制市场和自愿市场并行、基于结果支付与基于行为支付并用、碳汇效益与非碳效益统筹、技术可行与经济可行兼顾方面进行体制和机制创新，增强市场带动能力和政府推动能力，充分挖掘森林"四库"潜力，走出一条具有中国特色的碳汇事业发展道路，为 2060 年前实现碳中和奠定雄厚基础、积蓄有生力量。我们要坚持守正创新，坚持好推动碳汇事业发展的好经验、好做法，结合基层的探索提出创新建议并进行大胆探索。

坚持问题导向，认真剖析碳汇事业面临的突出问题

习近平总书记在党的二十大报告中指出：问题是时代的声音，回答并指导解决问题是理论的根本任务。今天我们所面临问题的复杂程度、解决问题的艰巨程度明显加大，给理论创新提出了全新要求。我们要增强问题意识，聚焦实践遇到的新问题、改革发展稳定存在的深层次问题、人民群众急难愁盼问题、国际变局中的重大问题、党的建设面临的突出问题，不断提出真正解决问题的新理念新思路新办法。

虽然从最终使命上看，碳汇主要用于抵消依靠技术手段无法避免的碳排放，从而实现国家净零排放甚至净吸收。碳汇的生产具有一定的滞后性，因此，要从国家整体利益出发，未雨绸缪，及早准备。当前，碳汇事业发展面对三大难题：一是碳汇市场价格低迷，难以形成有效带动能力；二是碳汇项目开发交易成本高，影响开发积极性；三是碳汇项目实施困难多，影响碳汇项目的经济可行性。本书对上述难题的表现、成因进行了分析，并提出了解决对策。

坚持系统观念，妥善处理碳汇事业发展的各种关系

习近平总书记在党的二十大报告中指出：万事万物是相互联系、相互依存的。只有用普遍联系的、全面系统的、发展变化的观点观察事物，才能把握事物发展规律。我国是一个发展中大国，仍处于社会主义初级阶段，正在经历广泛而深刻的社会变革，推进改革发展、调整利益关系往往牵一发而动全身。我们要善于通过历史看现实、透过现象看本质，把握好全局和局部、当前和长远、宏观和微观、主要矛盾和次要矛盾、特殊和一般的关系，不断提高战略思维、历史思维、辩证思维、系统思维、创新思维、法治思维、底线思维能力，为前瞻性思考、全局性谋划、整体性推进党和国家各项事业提供科学思想方法。

当前，我国碳汇事业发展面临的问题尚未得到妥善解决，其根源在于用系统观念指导不够。我们要加强科学思维能力的养成，用系统的观点观察碳汇事业的发展，用以指导自身的工作。

从全局来看，整个国家未来对碳汇的需求量非常大，实现碳中和目标，需要最大限度地挖掘森林生态系统的潜力。而从局部看，有些地区立地条件差，森林生长缓慢。处理好全局与局部的关系，就是要站在全局的高度，对立地条件差的地区同样也要开展造林和森林经营活动，把其中蕴藏的碳汇潜力充分挖掘出来。

从当前和长远的关系来看，短期应把固碳增汇的着力点放在立地条件好的地区，让其率先增汇，随着碳中和日期的临近，再在立地条件差的地区下功夫；从宏观和微观的关系来看，就是要把国家保护和增加森林资源，加强水库、碳库、粮库建设的需要与森林经营主体自身钱库建设结合起来，使固碳增汇、发挥森林多重效益成为务林人增收致富、过上高品质生活的依靠。

从矛盾的主次来看，当前碳汇事业面临着许多矛盾，主要矛盾是国家日益增长的碳汇需求与落后的碳汇供给能力之间的矛盾，而矛盾的主要方面是供给能力不足。因此，必须深入研究供给的制约因素，对症下药，才能解决好这个主要矛盾。

从特殊和一般的关系来看，森林的特点是前人栽树、后人乘凉，一人栽树、大家乘凉，栽好树木、不光乘凉。必须遵循森林资源生长发育的特殊自然规律。同时，也必须遵循经济规律，将投资回报率作为调节森林经营活动的经济杠杆，要解决好产权制度和管理体制、生态效益补偿、多目标经营和多渠道增收等问题。

坚持胸怀天下，积极参加应对气候变化的全球治理

习近平总书记在党的二十大报告中指出：中国共产党是为中国人民谋幸福、为中华民族谋复兴的党，也是为人类谋进步、为世界谋大同的党。我们要拓展世界眼光，深刻洞察人类发展进步潮流，积极回应各国人民普遍关切，为解决人类面临的共同问题作出贡献，以海纳百川的宽阔胸襟借鉴吸收人类一切优秀文明成果，推动建设更加美好的世界。

从国际上看，尽管国际上对碳清除、碳避免和碳替代之间的重大区别有了新的认识，认为碳清除应优先用于碳抵消，但目前仍在讨论碳避免是否可以继续用于碳抵消。国际上对森林碳汇非永久性风险估计过高，没有站在长期土地利用的角度考虑到木材及时利用对于维持和增进碳汇能力的作用，碳信用中作为风险准备的缓冲池比例过大，而且还要从碳信用交易中提取 5% 用于适应，规定优先购买热带国家、小岛屿国家和最不发达国家的减排量，影响碳汇项目开发的投资回报率，也不利于激发各国碳汇项目开发与交易的积极性。同时，国内对《巴黎协定》下碳汇在履行国家自主贡献中的突出角色认识不清，对碳汇参与国际交易的风险认识不足，缺乏加快建立国内碳抵消机制的紧迫感。我们要时刻关注国际动态，分析国际形势可能对我国碳汇事业产生的影响，研究提出意见和建议，同时，继续用好联合国气候变化大会这个平台，积极主动发声，讲好中国应对气候变化故事。

习近平新时代中国特色社会主义思想中蕴含的世界观和方法论，对于我国认识国情林情具有根本的指导作用，我们一定要认真学习、深刻领会，努力运用，不断提高用"六个坚持"武装头脑、指导实践、推动工作的能力，为碳汇事业发展，特别是碳汇公益事业发展奠定良好的思想基础。

刘家顺

2023 年 9 月

前言

在国家积极稳妥推进碳达峰碳中和的背景下，在各参编人员及所在单位的大力支持下，中央宣传部主题出版物"林业草原国家公园融合发展"系列丛书之《林业碳汇和碳达峰碳中和》终于和读者见面了。

本书首先从全球科学共识、全球共同应对和全球林业规则的角度入手，向读者全面介绍了全球应对气候变化的认识和行动过程，帮助读者进一步深化对林业碳汇在全球应对气候变化中的重要地位的认识；接着，本书从林业在"双碳"进程中的战略任务、奋发作为、现实差距、战略谋划和前景预期着眼，帮助读者深入了解国家总体部署对林业碳汇工作提出的要求，了解林业碳汇工作取得的重大成就，结合对工作中存在差距的分析，深化对巩固提升林业碳汇能力的行动的理解，了解森林碳汇将给森林保护、森林可持续经营和林业发展带来的重大影响；随即，本书从林业在"双碳"进程中的市场机制和供给角度介绍了许多读者最为关注的国内外碳市场发展状况及碳汇开发交易的最新要求；最后，本书又用近一半的篇幅，从坚持统筹推动、加强科学研究、开展试点示范、开发碳汇项目、加强交流合作、加强宣传倡导、动员社会参与等角度分享了28个案例的时代背景、主要做法、取得的成效和经验启示，供读者思考和借鉴。

本书的编写工作得到了国际竹藤组织、亚太森林恢复与可持续管理组织的支持，国家林业和草原局生态保护修复司对本书编写大纲给予了精心指导并提供了重要素材、推荐了案例编写单位，国际合作司对加强交流合作部分给予了指导，国家林业和草原局宣传中心、国际合作交流中心、林草调查规划院、国际竹藤中心、亚太森林网络管理中心、中国林业科学研究院、中国绿色时报社、中国林业出版社、浙江省林业局、福建省林业局、四川省林业和草原局、内蒙古包头市林业和草原局、浙江农林大学、中国石油天然气集团有限公司、中国林业集团有限公司、蚂蚁科技集团股份有限公司、中国绿化基金会、中国绿色碳汇基金会、内蒙古老牛慈善基金会、北京汇智绿色资源研究院等单位参与了本书的编写，福建省南平市林业局、三明市林业局、龙岩市林业局和四川省大渡河造林局有限公司给予了大力支持，中国林业出版社统筹策划并认真组织了本书的编辑出版工作，在此一并表示衷心的感谢和崇高的敬意！

本书由中国绿色碳汇基金会副理事长兼秘书长刘家顺任主编，国家林业和草原局国际合作交流中心常务副主任王春峰、北京汇智绿色资源研究院院长李金良任副主编。第一至四章由王春峰编写，第五至八章由刘家顺编写，第九章由朱建华编写，第十、十一、十五章由李金良、赵晓晴、杨洋编写，第十二章由杨子清、陈奔、刘国林、张文英编写，第十三章由朱建华、陈健、徐林编写，第十四章由杨子清、侯远青、刘国林、李留彬编写，第十六章由万杰、李艳霞、刘国良、栾军伟、肖军编写，第十七章由赵庆超、曹云、杜娟、薛瑞琦编写，第十八章由刘德国、柳军、马琳、兰科其、窦瑞、何宇编写。

由于编者水平所限，不足之处恳请读者批评指正。

编写组

2023 年 9 月

目录

第一章

全球科学共识：政府间气候变化专门委员会评估

关于全球气候变化的认知一般从 1824 年法国自然哲学家约瑟夫·傅立叶（Joseph Fourier）首次提出温室效应假说开始。此后的很长时间，气候变化是否由温室效应引起一直存在争议。1957 年，美国科学家查里斯·大卫·基林（Charles David Keeling）应用新的测量大气中二氧化碳含量的方法，证明了大气中二氧化碳逐年增长的事实，进一步促进了科学界对温室气体排放是否加剧温室效应并导致全球气候变暖的研究。20 世纪 80 年代，科学界进一步认识到甲烷、氧化亚氮等气体和二氧化碳共同加剧了温室效应。随着气候预测模型的发展和国际科学界合作研究的深入，科学界对人为排放温室气体加剧全球气候变暖及未来趋势逐步形成共识，并呼吁加强科学家和政策决策者的合作，采取有效措施应对温室效应导致的全球气候变暖，政府间气候变化专门委员会应运而生。

第一节　政府间气候变化专门委员会的建立及其主要工作

一、成立时间

1986 年，国际科学联盟理事会（今国际科学理事会）、联合国环境规划署（以下简称 UNEP）和世界气象组织（以下简称 WMO）共同建立了温室气体咨询小组，以审查温室效应的研究结果。随着气候科学涵盖学科越来越多，1988 年 9 月在马耳他政府倡导下，联合国大会首次提出了气候变化问题并得到广泛支持。1988 年 12 月，联合国大会通过决议，同意 UNEP 和 WMO 联合成立政府间气候变化专门委员会（以下简称 IPCC）。

二、主要任务

IPCC 既是一个科学机构，也是一个政府间国际组织，其秘书处设在瑞士日内瓦，目前有 195 个成员国，来自全球的数千名科学工作者自愿为其工作。IPCC 的主要目标是为各国政府制定应对气候变化的政策提供科学信息，但并不进行原创性研究，而是基于全球科学家发表的研究结果，本着全面、客观、公开和透明的原则，定期开展气候变化评估。

三、下设机构

IPCC 下设 3 个工作组。其中，第一工作组评估气候系统和气候变化的科学方面；第二工作组评估气候变化对人类和自然系统的影响以及适应方案；第三工作组评估如何通过采取限制温室气体排放的措施来阻止气候变化。每个工作组设有两位联合主席，一位来自发达国家，另一位来自发展中国家；联合主席和副主席组成主席团，他们同时也是 IPCC 主席团成员。每个工作组都有一个技术支持团队。工作组会议批准决策者评估和特别报告摘要。

四、工作成果

除了开展气候变化评估并发布评估报告，IPCC 还下设国家温室气体清单工作组，制定估算温室气体排放的方法。同时，IPCC 还发布一些特别报告。自成立以来，IPCC 共开展了 6 次气候变化评估，发布了 6 次气候变化评估报告，每一次评估报告的发布都是对国际气候变化谈判进程的重要投入和有力推动。

第二节 气候变化历次评估的主要结论

一、1990 年第一次评估报告

该报告认为，人类活动排放的二氧化碳、甲烷、氟氯化碳和氧化亚氮正在大大增加大气中的温室气体浓度，这将增强温室效应，导致地球表面进一步变暖。过去 100 年中，全球平均地表气温上升了 0.3~0.6℃，与气候模型预测基本一致，但也与自然气候变化具有相同的幅度。在照常排放情景下，由于海洋的热膨胀和一些陆地冰的融化，21 世纪全球海平面平均上升速度约为每 10 年 6cm。该报告为《联合国气候变化框架公约》（以下简称《公约》）谈判奠定了科学基础，也对《公约》第一次缔约方会议产生了重要影响。

二、1995 年第二次评估报告

该报告认为，大气温室气体浓度仍在继续增加，二氧化碳仍然是人为强迫导致气候变化的最重要因素，人为气溶胶往往会产生负辐射强迫。自 19 世纪末以来，气温上升了 0.3~0.6℃，近 5 年的这一估计显示没有发生显著变化。自 1990 年以来，在区分自然和人为对气候的影响方面取得了相当大的进展，而人类对全球气候的影响已是显而易见。预计未来气候将继续变化，虽存在着不确定性，但模拟的真实性使得可信度进一步增加。对未来全球平均温度变化和海平面上升的预测证实了人类活动改变地球气候的潜力，其程度前所未有。该报告发布时，《公约》已正式生效并在德国柏林召开了《公约》第一次缔约方大会（COP1）。会议通过了"柏林授权"，决定制定一项"议定书或其他法律文书"，针对发达国家温室气体减排制定具体的、具有法律约束力的目标和时间表，并计划于 1997 年 12 月在日本京都举行的第三届缔约方会议通过，从而启动了《京都议定书》（以下简称《议定书》）的谈判。该报告无疑对《议定书》谈判提供了重要推动力。

三、2001 年第三次评估报告

该报告认为，观测显示地球表面正在变暖。在全球范围内，20 世纪 90 年代很可能是仪器记录中最热的 10 年。大气中人为排放温室气体的浓度大幅增加，新的证据更有力地表明，过去 50 年观察到的大部分变暖可归因于人类活动。自 20 世纪中叶以来，由于人类活动，大多数观测到的变暖都是"可能的"，预测表明 21 世纪的变暖速度比至少过去 1 万年所经历的速度更快，将对环境和社会经济系统产生有利和不利影响，气候变化幅度越大、速度越快，不利影响就越占主导地位。生态系统和物种易受气候变化和其他压力的影响，有些将受到不可逆转的损害而丧失。温室气体减排行动将减轻气候变化对自然和人类系统的压力。适应气候变化行动有可能减少气候变化的不利影响，并且往往可以产生直接的附带利益，但不会阻止所有损害。越来越多的观测结果提供了世界变暖和气候系统其他变化的总体图景，即全球平均地表温度在 20 世纪上升了约 0.6℃，在过去 40 年中，大气层最低 8km 处的温度有所上升，积雪和冰面积减少。在《IPCC 排放情景特别报告（SRES）》的所有情景下，预计全球平均温度和海平面将上升。预计 1990—2100 年，平均地表温度将上升 1.4~5.8℃，同期海平面预计将上升 0.1~0.9m，热浪频率将增加。未来的变暖将产生有利和不利影响，但对于更高水平的变暖，不利影响将占主导地位。发展中国家和贫困人群最易受到气候变化的影响。

该报告发布时，《议定书》进入了实施规则谈判的关键时间。然而美国却在 2001 年 3 月拒绝签署议定书并退出了《议定书》的谈判。该报告确认的气候变暖事实和美国退出《议定书》谈判形成了强烈对比，并且对《议定书》实施规则的后续谈判起到了推进作用。

四、2007 年第四次评估报告

该报告认为，从对全球大气和海洋平均温度上升、冰雪广泛融化以及全球平均海平面上升的观察中可以明显看出气候系统的变暖是明确的。由于人类活动，过去 50 年的全球平均变暖大部分是"非常可能的"。由于极端天气事件的频率和强度增加，气候变化的影响很可能会增加。从与气候过程和反馈相关的时间尺度看，即使温室气体排放量减少到足以稳定温室气体的浓度，人为变暖和海平面上升也将持续几个世纪。需要更广泛的适应措施来减少对气候变化的脆弱性。从长远来看，如不采取减缓措施，气候变化可能会超过自然和人类系统的适应能力。气候变化的许多影响可以通过减缓来减少、延迟或避免。

2007 年，《公约》谈判开启了"巴厘岛路线图"谈判进程，一方面在《公约》下就如何促进发达国家和发展中国家共同行动应对日益严峻的气候变暖进行了讨论，另一方面在《议定书》下讨论如何延续《议定书》减排模式。"巴厘岛路线图"谈判期望在 2009 年于丹麦哥本哈根召开的《公约》缔约方大会上达成一致。因此，该报告无疑也对《公约》谈判进程起到了积极的促进作用。

五、2014 年第五次评估报告

该报告认为，气候系统的变暖是明确的，自 20 世纪 50 年代以来，许多观察到的变化在几十年到几千年内都是前所未有的。大气中二氧化碳、甲烷和氧化亚氮浓度已增加到至少过去 80 万年来未有的水平。人类对气候系统的影响是显而易见的，人类的影响极有可能是 1951—2010 年全球变暖的主要原因。全球变暖幅度的上升增加了不可逆转影响的可能性。适应未来气候变化的第一步是减少对当前气候多变的脆弱性和暴露度。通过限制气候变化的速度和幅度，可以降低气候变化影响的总体风险。预测表明，如果没有减缓气候变化的新政策，相对于工业化前的水平，2100 年全球平均气温将上升 $3.7 \sim 4.8$ ℃。该报告的发布对《巴黎协定》谈判并达成一致也起到了重要的促进作用。

六、2023 年第六次评估报告

该报告认为，人类排放温室气体已明确导致了全球变暖，2011—2020 年全球地表温度比 1850—1900 年高出 1.1 ℃。全球温室气体排放量持续增加，不可持续的能源使用、土地利用和土地利用变化、生活方式以及不同地区、国家之间和国家内部和个人之间的消费和生产模式造成了不平等的历史贡献和持续贡献。大气、海洋、冰冻圈和生物圈发生了广泛而迅速的变化。人为引起的气候变化已经影响了全球每个地区的许多天气和极端气候状况，导致了广泛的不利影响和相关损失以及对自然和人类的损害。历史上对当前气候变化贡献最小的脆弱社区受到的影响尤为严重。虽然适应行动在所有部门和区域都取得了进展，但成效参差不齐，适应差距依然存在且将继续扩大，一些生态系统和区域已经达到了适应的上限。目前用于适应的全球资金不能满足需要，特别是不能满足发展中国家的需要。自上次评估报告发布以来，与减缓相关的法规和政策不断扩大，但按照目前的力度，2030 年全球温室气体排放将使得 21 世纪变暖可能超过 1.5 ℃，很难将升温限制在 2 ℃以下。这些结论对于促进各缔约方提高应对气候变化行动特别是减缓力度，确保有效实施《巴黎协定》具有重要意义。

七、与林业相关的技术指南和特别报告

与林业相关的技术指南和特别报告主要有：1994 年《IPCC 国家温室气体清单指南》，经修订的 1996 年《IPCC 国家温室气体清单指南》，2000 年《土地利用、土地利用变化和林业特别报告》，2003 年《土地利用、土地利用变化和林业良好做法指导意见》，2006 年《IPCC 国家温室气体清单指南》，2013 年《IPCC 国家温室气体清单指南 2006 年补充：湿地》，2013 年《〈议定书〉修订的补充方法和良好做法指导意见》，2019 年《〈气候变化与土地〉特别报告》等。

第三节　林业和气候变化的科学认知

一、全球碳循环是碳元素在大气、陆地、海洋和地壳^①之间移动的过程

越来越多的碳以温室气体方式进入大气层，是导致全球气温变暖的主要原因。森林是陆地上最大的储碳库，并在陆地生物圈和大气之间不断转移碳，是全球碳循环中的重要组成部分。森林在全球碳循环中作用始于树木生长对大气中二氧化碳的固定和积累。积累的碳储存在森林生态系统的 5 个不同碳库中：地上生物量（如树叶、树干、树枝）、地下生物量（如树根）、枯死木、凋落物（如落叶、枯枝）和土壤。当树木或其一部分死亡时，碳会在这些不同的碳库中循环，从活的生物量碳库到枯死木、凋落物碳库再到土壤碳库。碳在每个碳库中停留的时间差异很大，从几个月（凋落物）到几千年（土壤）不等。随着碳流出森林生态系统进入海洋并通过呼吸、燃烧和分解等过程返回大气，这个循环将持续不断。碳还可以通过木材采伐离开森林生态系统而进入产品库。这些碳在使用时则储存在采伐的木质林产品（HWP）中，但最终会在木质林产品的处置和最终分解时返回到大气中，这可能需要几十年或更长时间。总共有 7 个森林碳库：5 个在森林生态系统中，2 个在产品库中

---

① 或称大气圈、生物圈、水圈、岩石圈。

（使用中的木质林产品和处置场中的木质林产品）。

二、碳总是在森林生态系统的碳库中移动

随着时间的推移，各种碳库的大小会发生很大变化。相对于森林释放到大气中的碳量，森林中封存的碳量也会随着树木的生长、死亡和分解而不断变化。如果森林在某一时期内释放到大气中的碳总量大于该森林中封存的碳量，则该森林是碳排放的净源。如果森林封存的碳多于释放到大气中的碳，那么森林就是净的碳汇。这些森林碳动态在很大程度上是由不同的人为和生态干扰驱动的。人为干扰通常是指有计划的人为活动，例如木材采伐；而生态干扰由计划外的自然因素引起，例如天气事件（如飓风、干旱）、虫害和疾病侵扰以及野火。一般来说，干扰会导致树木死亡，导致碳从生物质碳库转移到枯死木、凋落物、土壤和产品碳库，并最终转移到大气中。如果受干扰地点的森林得到恢复，因干扰引起的碳排放通常会随着时间推移而被重新吸收固定，从而抵销干扰导致的排放。但是，如果将干扰后的土地转变农田等非林业用途，因干扰排放的碳就可能无法抵销。

目前，全球森林储存了大约 8610 亿 t 碳，其中大约 44% 在土壤中（深度在 1m 以内）、42% 在活生物量（地上和地下）中、8% 在枯死木中、5% 在凋落物中。这相当于目前近一个世纪的年度化石燃料排放量。热带雨林仅占全球树木覆盖率的 30%，但含有世界上 50% 的森林碳。热带森林将其大部分碳储存在植被（生物量）中，北方森林大量碳则储存在土壤中。

三、在谈判过程中以及执行《公约》缔约方会议相关决议时遇到的困难

虽然国际社会对森林在全球碳循环中的作用早有共识，但在《公约》谈判之初，各国对本国森林碳储量及其变化情况以及相关的科学问题缺乏完整和科学的认知，也导致在谈判过程中以及执行《公约》缔约方会议相关决议时存在很多困难。

①森林碳测量问题。除地上生物量、地下生物量、枯死木、凋落物、土壤 5 个碳库外，IPCC 还将用采伐木材生产的木质林产品作为独立的碳库。

量化评估森林在减缓气候变化中的作用，理想的情况是能够获得上述碳库的碳储量变化数据，虽然科学界提出了很多模型和算法，但由于相关数据的可获得性和技术方法的可靠性不足，考虑到成本效益，准确测量森林碳储量变化还有很大挑战。IPCC 还指出，因受林龄结构、采伐方式、经营措施等因素的影响大，要将自然和直接人为因素引起的碳汇或碳源分开非常困难且不够准确，而改变技术方法往往对森林碳测算和报告结果的影响也很大。

②非永久性问题。这是指储存在森林碳库中的碳可能由于火灾、病虫害、人为采伐等原因，而被重新排放到大气中，从而降低了森林减缓气候变化的实际效果。应当通过人为努力降低火灾、病虫害以及森林遭受破坏的风险，尽可能延长碳在森林碳库中的停留时间。IPCC 认为减少短期排放对减缓气候变化也具有积极意义，因此，尽管森林碳存在非永久性问题，但对减缓气候变化仍有重要意义。为尽可能避免发生非永久性问题，需要采取适当的降低风险的政策和技术措施。

③泄漏问题。这是指在一定边界内采取的促进森林碳吸收、碳保存或碳替代措施，可能导致在边界之外增加碳排放（即排放转移），使得在边界内采取的措施产生的减缓效果打了折扣。虽然泄漏问题并非森林碳所特有，但往往在森林中比较容易发生。特别是在实施森林碳项目时，需要对项目边界内的活动是否会在项目边界外引起泄漏进行必要的论证。

④饱和问题。二氧化碳浓度升高到一定程度或森林老化后，森林碳吸收能力即达到饱和点，森林碳汇能力呈现下降趋势并可能降至零，森林生长获得的碳汇和森林分解活动导致的排放达到平衡。因此，林龄结构偏老的国家可能将其国家的森林视为减缓气候变化的风险，担心其森林有可能成为碳源，不利于实现其国家的减排承诺。

⑤二氧化碳施肥效应问题。又称为碳施肥效应，是指因二氧化碳浓度增加而提升森林等植物的光合作用速率，同时限制森林等植物的蒸腾作用。在一定的二氧化碳浓度下，二氧化碳施肥效应因森林等植物种类不同和水分、养分的可获得性以及土壤温度的变化而呈现出差异。最近的研究发现，近40 年来全球陆地生态系统二氧化碳施肥效应呈显著下降趋势。二氧化碳施肥效应引起的碳吸收量增加属于自然因素引起的，在核算森林碳汇时应当予以剔除。

⑥氮沉降问题。这是指大气中氮元素以 NH_x 和 NO_x 形式，通过降尘或降雨方式降落到陆地和水体的过程。在一定的数量范围内，氮沉降有利于森林等植物光合作用，促进森林等植物的生长，对可能由此增加的森林碳汇，在核算时应当予以剔除。

第二章

全球共同应对：
《公约》下谈判进程

20 世纪 80 年代后期，越来越多的科学家和政策制定者认识到需要制定一项有法律约束力的国际公约，促进各国共同应对气候变化。1989 年 12 月，联合国大会通过了一项决议，支持 UNEP 开始筹备《公约》谈判。1990 年 IPCC 发布的《第一次气候变化评估报告》，为启动《公约》谈判起到了促进作用。1990 年 12 月 21 日，第 45 届联合国大会通过了第 212 号决议，成立了政府间谈判委员会（INC），授权其制定"一个有效的气候变化框架公约，包含适当的承诺"，从而开启了《公约》谈判进程。

第一节 《公约》谈判

1991 年 2 月—1992 年 5 月，政府间谈判委员会举行了 6 届会议。联合国大会决议要求将《公约》文本提交 1992 年 6 月召开的联合国环境与发展大会（以下简称环发大会）签署。谈判起初进展甚微，在环发大会前的最后几个月开始了实质性谈判。

一、第一次会议

1991 年 2 月 4 日—14 日在美国弗吉尼亚州召开第一次会议，决定设立两个工作组，一个负责承诺问题，主要讨论如何就限制和减少二氧化碳和其他温室气体排放以及保护、增强和增加碳汇作出适当承诺，如何提供"充足和额外的"资金以及如何促进相关技术转让支持发展中国家履行《公约》；另一个负责机制问题，主要讨论如何有效执行《公约》，包括与科学机构合作，开展监测和提供信息有关的机制，如何评估和审查，如何提供资金支持和开展技术转让，以及《公约》生效、加入和退出等问题。会后，各方就此提交了各自的立场。

二、第二次会议

1991 年 6 月 19 日—28 日在瑞士日内瓦召开第二次会议。会上，各方在第一工作组下就减排承诺问题进行了磋商。美国等提出了"分阶段综合办法"来进行承诺，即各国在计算其排放水平时，将考虑非二氧化碳气体和碳汇，但反对制定具体减排目标和时间表。日本提出"承诺和审查"作为妥协方案，即由各国结合本国战略和应对措施提出限制温室气体排放的单边承诺，接受国际专家小组的定期审查和评估。欧洲共同体成员对日本的方案持保留立场，许多国际非政府组织（NGO）则戏称日本的方案为"对冲和撤退"。第二工作组的讨论一致认为，《公约》应建立在健全的科学基础上，并同意由共同主席着手起草案文。

三、第三次会议

1991 年 9 月 9 日—20 日在肯尼亚内罗毕召开第三次会议。会上，美国继续反对制定温室气体减排目标和时间表，各方就日本提出的"承诺与审查"方案进行了非正式讨论，欧洲共同体对此提出了批评。各方就各国提交的立场文件以及共同主席提出的一般原则和承诺案文进行了广泛讨论，形成了文件汇编。同时，第二工作组的讨论也取得了进展，各方开始逐段讨论共同主席起草的案文，启动了实质性谈判。

四、第四次会议

1991 年 12 月 9 日—20 日在瑞士日内瓦召开第四次会议。会上，各方重申了各自的立场，77 国集团在支持哪些承诺的问题上出现了分歧。在此情况下，中国和印度领导的发展中国家提出了立场，小岛屿国家则提出发达国家到 1995 年要将其二氧化碳排放稳定在 1990 年水平上，其后按照缔约方商定的时间表实现减排。会议结束时，两个工作组的案文合并形成了谈判案文。

五、第五次会议

1992 年 2 月 18 日—28 日在美国纽约召开第五次会议。各方就资金支持、技术转让和实施成立了谈判小组。美国仍坚决反对制定具体减排目标和时间表，其他经济合作与发展组织（OECD）成员国在拟制定的减排目标和时间表的确切条件上仍存在分歧，77 国集团重新代表发展中国家发言，向发达国家施压。美国在会议快结束时宣布，将向发展中国家提供 2500 万美元，支持开展国家层面的研究，向全球环境基金（GEF）提供 5000 万美元核心资金，但未能缓和许多国际非政府组织和发展中国家的不满。政府间谈判委员会不得已于 4 月 15 日—17 日在法国巴黎又召开了一次"扩大的主席团"会议，讨论取得了进展，同时，政府间谈判委员会主席团敦促共同主席提出了一份折中谈判案文，但共同主席并没有就减排承诺提出具体案文。在第六次会议召开前，美国和英国就减排承诺提出了妥协表述，打破了僵局。

六、第六次会议

1992 年 4 月 30 日—5 月 9 日在美国纽约召开第六次会议。会议讨论了序言、目标、原则、减排承诺、资金支持、报告、机构、争端解决和最后条款等案文内容。发展中国家对美国、英国所提有关减排承诺的妥协案文提出了严厉批评后，美国、英国对其所提案文的表述做了少量修改。经济合作与发展组织国家主张资金机制由全球环境基金承担，发展中国家则主张建立单独的基金。折中方案将资金机制临时委托给全球环境基金，并将最后决定权留给缔约方会议。最终各方妥协，于 1992 年 5 月 9 日晚以鼓掌方式通过了《公约》文本。

七、《公约》生效及后续进程

《公约》文本如期提交到 1992 年 6 月在巴西里约热内卢召开的环发大会上开放签署，1994 年 3 月 21 日《公约》正式生效。此后，围绕实施《公约》进行了三个阶段谈判：1995—2005 年为《议定书》及其实施规则谈判阶段，主要针对发达国家如何带头减排进行谈判；2006—2012 年为"巴厘岛路线图"谈判阶段，主要谈发达国家和发展中国家如何合作减缓气候变化；2013 年至今为《巴黎协定》及其实施规则谈判阶段，主要谈发达国家和发展中国家共同行动减缓气候变化。谈判阶段变化的主要原因是由于自《公约》生效以来，发展中国家温室气体排放总量逐渐和发达国家持平并超过了发达国家，发达国家不愿意继续单方面减排。同时，从增强减缓气候变暖的有效性角度，发展中国家也需要加大应对气候变化的力度。

在《公约》谈判过程中，是否将森林碳作为增汇减排手段纳入其中也是争议之一。森林碳最终纳入《公约》第 4.1 条款中，主要内容包括各缔约方应采取措施增加森林碳储量，减少森林碳排放，用缔约方同意的方法，定期编制、报告和更新包括森林碳排放或碳吸收情况在内的《国家温室气体清单》等，为将林业议题纳入后续的《公约》谈判进程提供了依据。

第二节　《议定书》及其实施规则谈判

一、《议定书》谈判缘起

1995 年在德国柏林召开的 COP1，根据提交的温室气体清单，审评发达国家（即《公约》所列附件一缔约方）的减排承诺是否充分。会前，15 个发达国家（合计占当时全球温室气体总排放量的 41%）提交了本国温室气体排放清单。审评结论是：9 个发达国家 1990—2000 年间的预期二氧化碳排放量将增加，6 个发达国家预期二氧化碳排放量将在 2000 年或 2005 年前稳定下来或减少。对照 IPCC 第二次气候变化评估报告的结论，缔约方一致认为，按照这样的减排力度，将难以实现《公约》确定的"将大气中温室气体排放浓度稳定在防止对气候系统造成危险的人为干扰的水平上"这一目标。经过各方磋商，会议决定启动一个谈判进程，制定一项议定书或另一项法律文书，强化发达国家在《公约》第 4.2 条（a）项和（b）项中的减排承诺，确定其在 2005 年、2010 年和 2020 年的减排目标，但不要求发展中国家作出新的承诺，这就是"柏林授权"。为此成立了"柏林授权特设组"（以下简称 AGBM），并要求 AGBM 在 1997 年于日本京都召开的 COP3 上就拟议的一项议定书或另一项法律文书达成一致，从而开启了《议定书》的谈判。

二、《议定书》谈判进程

1995 年 8 月—1997 年 12 月，AGBM 举行了 8 次谈判会议。期间的主要争议问题包括：谈判程序和原则，发达国家减排目标和承诺期限，发展中国家的自愿承诺或行动，严重依赖化石燃料生产和出口的发展中国家经济补偿，排放交易等灵活机制，土地利用、土地利用变化和林业（以下简称 LULUCF），减排涵盖的温室气体种类，承诺的法律约束力，减排政策和措施。

在谈判过程中，美国多次提出应采取积极激励措施，鼓励发展中国家加入具有量化减排目标的国家集团，遭到了发展中国家的强烈批评。发展中国家认为美国这一主张无视温室气体排放的历史责任，违反了《公约》确立的"共同但有区别责任原则和各自能力原则"以及"柏林授权"，强调只有发达国家带头履行《公约》第 4.2 条款，到 2000 年将其排放量恢复到 1990年水平后，才能讨论发展中国家参与减排问题。欧盟在谈判中提出欧盟整体到 2010 年要在 1990 年基础上实现二氧化碳、甲烷和氧化亚氮三种温室气体减排 15%，受到了欢迎。美国在谈判中提出统一的减排目标，同时提出用排放交易作为平衡国家间减排成本差异的工具。对此，发展中国家和欧盟一致认为，从国外获得减排信用或排放配额不应完全或在很大程度上取代发达国家的国内减排行动。AGBM 主席埃斯特拉达坚持了"柏林授权"关于不要求发展中国家作出任何新承诺的定位，没有采纳美国的主张。但美国在排放交易上获得了更大的灵活性，即通过清洁发展机制（以下简称 CDM），将联合减排扩大到与发展中国家的合作，使得发达国家获得了在其他国家领土上实现其承诺、以此降低其减排成本的权利。最终各方在 1997 年 12 月于日本京都召开的 COP3 上就《议定书》达成了一致。《议定书》规定，发达国家在2008—2012 年第一承诺期，要在 1990 年排放量的基础上平均减少 5.2%。同时，允许发达国家通过排放贸易（ET）、联合履约（JT）和 CDM 三种灵活机制，以发达国家间合作或者发达国家和发展中国家合作的方式，实现减排其承诺目标。

三、《议定书》实施规则谈判

从 1998 年 COP4 开始，各方围绕实施《议定书》的具体规则开展了一系列谈判。重点包括如何实施灵活机制，在减排承诺中如何考虑 LULUCF 导致的排放或增加的碳汇，如何核算、报告和核查减排承诺的履行情况，适应基金以及遵约问题等,其中最具争议的是灵活机制、LULUCF、适应基金和遵约问题。

①关于如何实施灵活机制。主要争议点在于是否将灵活机制作为发达国家履行减排承诺的补充以及如何实施该机制。大多数发展中国家强调灵活机制只是一种补充,欧盟支持发展中国家,还提出要进行数量限制,但美国等发达国家强调应保持灵活性。实施 CDM 项目的争议涉及项目实施资格、项目类型、合格性、额外性、项目收益分成等。

②关于 LULUCF 问题。LULUCF 导致的排放或增加的碳汇,是《议定书》第一承诺期实施规则谈判的难点。该问题谈判情况将在下一章详述。

③关于适应基金问题。主要争议在于是否在全球环境基金之外建立适应基金以及资金来源。发达国家不赞成另行建立适应基金,把适应基金来源和《议定书》下的行动,特别是 CDM 项目挂起钩来,发展中国家对此强烈反对。

④关于遵约问题。虽然大多数国家支持建立"强有力的"遵约制度,但在如何区别对待发达国家和发展中国家不遵约的后果、遵约机构的组成上存在分歧。

就这些问题,2000 年年底在荷兰海牙召开的 COP6 上没能达成一致,2001 年 3 月,美国以《议定书》有缺陷,不符合美国利益为由,宣布退出《议定书》。在此背景下,2001 年 7 月在德国波恩召开了 COP6 的续会,各方作出了更多妥协,特别是日本、俄罗斯、澳大利亚和加拿大的诉求得到了很大程度的照顾,最终各方于 2001 年在摩洛哥马拉喀什召开的 COP7 上,就《议定书》第一承诺期主要实施规则达成一致,通过了"马拉喀什协定"。经过各方努力,《议定书》于 2005 年 2 月 16 日正式生效。

2005 年年底,在加拿大蒙特利尔召开的 COP11 开始讨论《议定书》第二承诺期问题。发达国家不愿意继续单方面减排,要拉上发展中国家共同减排。因此,2006—2007 年,在《公约》谈判中开始了发达国家和发展中国家长期合作应对气候变化的对话,强调了未来减排潜力主要在发展中国家。在各方妥协下,2007 年年底在印度尼西亚巴厘岛召开的 COP13 上通过了"巴厘岛路线图"并启动了新的谈判进程。一方面就《议定书》第二承诺期进行谈判,另一方面就发达国家和发展中国家如何合作应对气候变化进行谈判,进入了所谓的"双轨并行"谈判阶段。各方虽同意在 2009 年年底在丹麦哥本哈根召开的 COP15 上达成一致,但因分歧太大,2009 年年底的 COP15 只产生了不具有法律约束力的"哥本哈根协定"。为了挽救《公约》进程，在 2010 年于墨西哥坎昆召开的 COP16 上，各方达成了《坎昆协议》。发达国家同意继续带头进行量化减排，完成《议定书》第二承诺期谈判，发展中国家则表示在发达国家提供资金和技术支持的前提下，开展适合国情的减缓和适应行动。在 COP16 期间，加拿大因无法兑现其《议定书》第一承诺期减排承诺而宣布退出《议定书》。此后，日本、澳大利亚、新西兰也没有继续参加《议定书》第二承诺期。

第三节 《巴黎协定》及其实施规则谈判

由于《坎昆协议》是各方妥协的结果，即便得到有效实施也无法遏制全球变暖的趋势，国际社会呼吁采取更有力度的行动。2011 年在南非德班召开 COP17 期间，在《议定书》第二承诺期谈判基本达成一致，发达国家基本上表达愿意继续《议定书》第二承诺期模式后，各方同意启动"增强行动的德班平台"谈判，旨在为 2020 年后制定一项议定书或另一份法律文书或其他具有法律效力的文书，并计划于 2015 年结束。2012 年年底在卡塔尔多哈召开的 COP18 通过了《议定书》修正案，同时结束了《议定书》第二承诺期和"巴厘岛路线图"谈判，开启了"增强行动的德班平台"（以下简称 ADP）谈判进程。该谈判于 2012 年 5 月开始，到 2015 年年底通过《巴黎协定》共举行了 16 轮谈判。

一、新协定构想形成阶段（2012 年）

在 2012 年 5 月举行的首轮谈判中，在发展中国家坚持下，谈判确定了"2015 年协定"（以下简称新协定）和"提高 2020 年前力度"两个工作流程，此后发达国家和发展中国家分别阐述了对新协定的构想。大多数发展中国家认为新协定应体现《公约》既定的共同但有区别责任原则（以下简称 CBDR 原则），新协定虽适用于所有缔约方，但不意味着要采取统一的实施模式。发达国家认为新协定适用于所有缔约方就意味着法律适用的统一性，但可以不是承诺的统一性。强调要根据全球温室气体排放格局变化和各国能力以及动态应用 CBDR 原则，让各国作出的新承诺。虽然不重新谈判《公约》原则，但要根据新情况重新解释。

二、新协定概念形成阶段（2013 年）

通过一系列圆桌会和研讨会，各方就新协定应当涉及的适应、减缓、技术、资金、能力建设和透明度等内容和要素进行了充分讨论，在体现缔约方自主、以自下而上方式作出承诺上的意见逐步趋同，但主要分歧点在于如何体现 CBDR 原则，特别是在 2013 年年底于波兰华沙召开的 COP19 上，各方就各缔约方提出的应对气候变化行动如何体现区别上存在很大分歧，发展中国家强调新协议中要用"发达国家承诺和发展中国家行动"来体现发达国家和发展中国家的区别，但发达国家不赞同。经过反复磋商，最终妥协并首次使用了"国家自主贡献"（以下简称 INDC）的表述。此外，发达国家和发展中国家在确定资金和技术支持路线图、损失与损害等方面也存在分歧。COP19 还决定请《公约》缔约方着手提出有意采取的 INDC，并在 2015 年第一季度前提交，同时同意 ADP 着手起草新协议案文。

三、新协定案文起草阶段（2014 年）

根据各方提交的立场，《公约》秘书处将其汇编成一份很长的案文起草要素的文件，问题也逐渐聚焦到减缓、适应、资金、技术支持、能力建设以及行动和支持的透明度这几个关键要素上。各方围绕这些关键要素如何形成谈判文本分别进行了长时间、深入的交流，以形成简化的谈判文本，但一直未进入文本谈判模式。同时也敦促各国提交 INDC 和相关信息。2014 年年底在秘鲁利马召开的 COP20 通过了"利马气候行动呼吁"，强调新协议要体现 CBDR 原则，平衡对待减缓、适应、实施手段以及行动和支持的透明度等要素，呼吁发达国家落实资金支持，并决定加快谈判进程。在 2015 年 5 月前提出正式谈判文本，再次敦促各方在 2015 年 COP21 之前提交 INDC 以及能帮助各方理解其 INDC、体现其透明度的相关信息，并要求《公约》秘书处汇编各方提交的 INDC 并在 2015 年 11 月 1 日前公布。

四、新协议案文谈判阶段（2015 年）

在 2015 年 5 月前形成了一份冗长的谈判案文。经过谈判，2015 年 10 月提出了简化的谈判案文。发展中国家认为该案文过度关注了减缓，而适应、资金和技术支持、损失与损害等未得到充分反映。此后会议围绕案文修改进行了持续磋商。同时，法国也组织了密集的双边对话。COP21 期间，法国首先举办了 150 位国家领导人参加的峰会，为会议定下基调。新协议谈判文本被提交给 COP21 主席后，在法国主导下继续谈判，法方在充分听取了各方意见后，组织了部长级闭门磋商。发展中国家特别是中国和印度等立场相近国家主张新协议要充分体现 CBDR 原则，以附件方式分列发达国家和发展中国家的 INDC，遭到了欧美国家的坚决反对。在资金支持上，发达国家提出"有能力的国家"也应提供资金支持纳入案文，发展中国家认为提供资金支持是发达国家的义务不能变，同时强调 2020 年后发达国家每年提供 1000 亿美元资金支持必须得到落实，赞同鼓励其他国家自愿提供补充支持。在透明度上，发展中国家强调对发达国家和发展中国家在提交报告的频率、技术方法等方面要体现不同的要求，且发达国家要为发展中国家提交报告、提供资金和技术支持。欧盟强调所有缔约方同样有责任以透明方式报告 INDC 的提出依据和实施情况，考虑发展中国家能力可给予一定灵活性。关于温升控制目标，小岛屿、最不发达国家强烈要求定在 1.5℃以内，但美国、欧盟和中国、印度等赞成定在 2℃以内。发展中国家主张在减排时间表上要体现出区分，欧美则认为没有必要，美国不支持确定时间表。尽管如此，在各方努力和妥协下，最终于 2015 年 12 月 12 日通过了《巴黎协定》。

五、《巴黎协定》实施规则谈判

2016 年 11 月 4 日《巴黎协定》正式生效后，即开启了《巴黎协定》实施规则谈判。虽然美国 2017 年 6 月宣布退出《巴黎协定》并于 2021 年 2 月宣布重返《巴黎协定》，并没有对《巴黎协定》实施规则谈判产生重大影响。2017 年由斐济担任主席国的 COP23 在德国波恩就《巴黎协定》实施规则大纲和要素达成共识，2018 年年底在波兰卡托维茨召开的 COP24 上通过了实施《巴黎协定》的大部分规则，2021 年年底在英国格拉斯哥召开的 COP26 结束了《巴黎协定》所有实施规则的谈判,《巴黎协定》进入了全面实施阶段。

　　《巴黎协定》设计了一个全球各国长期合作行动应对气候变化的法律框架,这一法律框架体现了"自下而上"的国家自主贡献和"自上而下"建立统一的实施规则相结合的特点,将在未来很长一段时间内保持基本稳定,未来的谈判进程将重点围绕有效实施《巴黎协定》来持续推进。特别是如何通过对各国国家自主贡献的进展持续进行盘点评估,持续敦促各国不断提高其应对尤其是减缓气候变化的行动力度,如何不断完善现行的技术规则和实施机构等方面将是未来谈判的重点。

第三章

全球林业规则：林业减缓气候变化行动国际谈判

随着全球对林业在减缓气候变化中的地位作用认识的不断深化，林业减缓气候变化行动逐步纳入国际谈判视野，尽管前进中存在这样那样的问题有待解决，但保护森林、减少毁林和森林退化造成的碳排放，通过加强保护、可持续经营森林进一步提高森林碳储量逐渐成为全球共识，相关的规则在谈判中不断优化。

第一节 《公约》《议定书》和《巴黎协定》中林业相关条款及谈判议题

一、将森林纳入应对气候变化国际行动的背景

森林和全球碳循环的关联是客观存在的一种自然现象。在 1989 年荷兰诺德韦克气候会议发布的关于气候变化部长级宣言中，就建议 IPCC 进一步研究排放目标和重新造林，考虑将 2005 年的二氧化碳排放量减少 20%，同意在毁林与促进森林管理和造林之间寻求全球平衡，将 21 世纪初实现全球森林每年净增长 1200 万 hm^2 作为临时目标，这促进了 IPCC 评估对森林的关注以及《公约》纳入林业相关内容。此前，因农业扩张等导致的全球森林锐减问题已引起国际社会广泛关注并试图达成森林公约，但 1992 年的环发大会未能就制定森林公约达成共识。因此，将森林纳入应对气候变化国际行动也成为解决全球森林问题的一个重要选择。

林业相关活动既可能带来碳吸收也可能导致碳排放，这取决于对森林管理采取何种政策和技术措施，这一点符合《公约》通过管制人为活动减缓气候变化的主旨。同时，全球林业活动特别是毁林导致的排放确实是导致全球气候变暖的重要原因之一，没有林业行动将难以实现减缓气候变暖的目标。IPCC 评估还表明，林业作为减缓气候变暖的手段，相对于工业、能源领域的减排手段，具有成本较低、效益多重、完全符合可持续发展路径的特点。因此，在《公约》及其《议定书》和《巴黎协定》谈判中对林业都给予了充分考虑。

二、《公约》《议定书》和《巴黎协定》中林业相关条款

在《公约》文本中，林业相关内容主要体现在序言、定义和 3.3、4.1、4.2（a）（b）（c）（d）、12.1（a）、12.2（b）等条款中。这些条款主要涉及对林业活动在应对气候变化中重要性的认识，应当采取措施减少林业相关活动导致的碳排放，不断增加林业活动的碳吸收，提高森林适应气候变化能力，在国家提交温室气体清单中应当遵循可比的方法，报告林业相关活动的碳吸收或碳排放等。其中关键条款是 4.1、4.2（a）（b）（c）（d）、12.1（a）、12.2（b）。

在《议定书》文本中，林业相关内容主要体现在 2.2（a）、3.3、3.4、3.7、5、6.1、7.1、10（a）、10（b）、12 等条款中。这些条款主要涉及《议定书》中的发达国家如何利用林业相关活动产生的碳汇和减少的碳排放，以帮助发达国家实现它们在《议定书》下的减排承诺，其中关键条款是 3.3、3.4、3.7、12。

在《巴黎协定》文本中，林业相关内容主要体现在：序言和 4.1、5.1、5.2、13.7（a）条款中。这些条款主要涉及保护和增加林业活动产生的碳汇、减少林业活动产生的碳排放，促进缔约方实现国家自主贡献目标，其中关键条款是 5.1 和 5.2。

三、林业相关内容纳入实施规则谈判

《公约》《议定书》和《巴黎协定》列入林业相关内容，集中体现了国际社会对林业在减缓和适应气候变化行动中作用的共识。如何有效实施这些条款，需要有共同遵循的实施规则。因此，在《公约》《议定书》和《巴黎协定》生效后，各方围绕实施规则进行了一系列谈判过程中都涉及林业议题。在《公约》《议定书》和《巴黎协定》实施规则谈判中，提交国家信息通报特别是编制和提交国家温室气体排放和吸收清单是一项常规议题，如何报告林业活动产生的碳排放或碳吸收（碳汇）则是该议题下的重要分支。而在过去的 30 多年谈判进程中，作为单独议题、最为复杂且对《公约》谈判进程产生重要影响的林业议题就是《议定书》下的"LULUCF"和《公约》下的"减少发展中国家毁林和森林退化以及保护、可持续管理森林、增加森林碳储量（以下简称 REDD+）的激励政策"的谈判。本章重点介绍这两个议题。

第二节 《议定书》下 LULUCF

一、LULUCF 议题的提出

1997 年年底《议定书》通过后，因其 3.3、3.4、3.7、12 等条款涉及用林业等土地利用活动产生的碳汇或减少的碳排放来帮助发达国家（议定书附件一国家）完成其第一承诺期的减排承诺。因此，各方围绕如何利用 LULUCF 引起的碳源/碳汇变化来实现《议定书》第一承诺期（2008—2012 年）发达国家的量化减排承诺进行了一系列谈判，谈判议题被称之为 "LULUCF"，主要是讨论如何报告和核算发达国家自 1990 年以来造林、再造林、毁林、现有林经营管理等相关土地利用和土地利用变化活动在承诺期间引起的碳源/碳汇变化情况，以及如何将这些变化的核算结果和发达国家完成其减排承诺联系起来。针对第一承诺期 LULUCF 议题的谈判在 2001 年年底就基本完成，各方共识被纳入一揽子的 "马拉喀什协定" 中，为实施《议定书》中 3.3、3.4、3.7、12 等与 LULUCF 活动相关条款提供了可供遵循的具体规则。

二、第一承诺期 LULUCF 规则的要点

①如 1990 年（或基准年）LULUCF 活动的结果是碳源，则须将 LULUCF 排放数量纳入工业、能源排放量中，并作为基数用以确定发达国家在第一承诺期允许排放量。如 1990 年（或基准年）LULUCF 的结果是碳汇，则允许将这些碳汇按一定的规则核算后，用于抵销减排承诺。

②1990 年以来，直接人为开展的造林、再造林和毁林活动在 2008—2012 年（即第一承诺期）间引起的碳源/碳汇净变化必须纳入核算，且只算其净变化，无须和基准年的净变化相减，核算结果用于增加或减少允许的排放量。

③1990 年以来，直接人为开展的森林管理、植被恢复活动可由发达国家自行决定是否纳入核算，一旦决定，则在第一承诺期内不能更改。

④若森林管理活动在第一承诺期内的碳源/碳汇净变化核算结果是碳汇，则按下列方式进行抵销：一是若造林、再造林和毁林这三类活动在第一承诺

期内总的碳源/碳汇净变化的核算结果是碳源，可用核算的森林管理碳汇对其进行抵销，但每年每个国家最多不能超过 900 万 t 碳；二是抵销后的剩余部分森林管理活动碳汇量可继续用于抵销工业、能源排放，但每个国家可用于抵销工业、能源排放的量都有具体限额。这个限额是依据本国森林管理活动和基于联合履约机制实施的森林管理活动产生的碳汇确定的可用于抵销的量。经过谈判，这些具体限额列在了第一承诺期 LULUCF 核算规则决定（即《议定书》第一次缔约方大会第 16 号决定）的附表中。

⑤第一承诺期内 CDM 下合格的 LULUCF 活动只是造林、再造林[①]活动。《议定书》下的每个发达国家每年可用的 CDM 造林、再造林项目碳汇量不能超过这个发达国家 1990 年工业、能源活动等所致排放总量的 1%。

三、第二承诺期 LULUCF 谈判及达成的主要共识

2005 年年底在加拿大召开的 COP11 会议启动了《议定书》第二承诺期谈判。谈判之初，发达国家强调第一承诺期的 LULUCF 规则存在很多问题，不利于发挥 LULUCF 减缓气候变化的作用，强调必须就 LULUCF 相关规则先达成一致后，才能就 2012 年后的量化减排目标作出承诺。

经过多轮谈判，2011 年年底在南非德班召开的 COP17 暨《议定书》第 7 次缔约方（CMP7）大会上，各方就 LULUCF 活动达成了共识，主要有以下几点：

①继续沿用第一承诺期的基于活动的核算方式，但同意继续探讨基于土地利用的核算方式[②]，第二承诺期核算 LULUCF 碳源/碳汇变化应当遵循的基本原则要与第一承诺期保持一致，相关活动的定义保持不变，同意在第二承诺期中将采伐木质林产品纳入核算。

②同意将 1990 年以来的造林、再造林、毁林、森林管理活动产生的碳排放/碳汇变化强制纳入核算；对植被恢复、采伐木质林产品活动产生的碳

---

① 这里的"造林"是指在过去 50 年没有森林的土地上恢复森林；"再造林"是指在 1989 年 12 月 31 日无林的土地上恢复森林。

② 基于活动的核算方法和基于土地利用的核算方法是两种不同的核算方法，前者不完整且存在很多漏洞，是《议定书》第一承诺期和第二承诺期 LULUCF 规则下采用的核算方法。后者完整且漏洞较小，但需要大量数据作为支撑，各方虽然经过多次谈判，但没有就如何利用这种方法达成共识。

排放/碳汇变化，可根据本国情况，自行确定是否纳入核算。对纳入核算的活动，各国应设法证明它们确属1990年以来直接人为引起的活动。

③在3.3条款下，还规定对1960年1月1日—1989年12月31日期间营造的人工林进行采伐时，如能在1989年12月31日的无林地上通过人工种植相同面积同样森林，且监测证明人工新造森林在其轮伐期内能达到和采伐的人工林相同的碳储量时，可将1960年1月1日—1989年12月31日期间的人工林采伐作为森林管理活动进行核算。否则，应将其采伐核算为排放。

④在3.4条款下，第二承诺期核算森林管理活动碳排放/碳汇变化的方法是，用《议定书》第二承诺期内各国森林管理活动引起的碳排放/碳汇净变化量减去各国森林管理活动引起的碳排放/碳汇变化参考水平[①]，由此获得的结果，再按不超过各国1990年工业、能源排放量的3.5%确定实际可用于减少或增加各国排放权的碳排放或碳汇量。核算植被恢复碳排放/碳汇变化的方法是，用《议定书》第二承诺期内植被恢复活动引起的碳排放/碳汇变化量净变化减去1990年植被恢复活动引起的碳排放/碳汇净变化量，由此获得的结果，直接用于减少或增加各国排放权。核算采伐木质林产品碳排放的方法可采用"瞬时氧化法"或"一阶衰减函数法"，具体要看纳入核算的采伐木质林产品碳排放与各国设置森林管理参考水平的关系。采用"一阶衰减函数法"核算采伐木质林产品碳排放时，只对本国采伐、本国使用、由本国出口到别国的纸、人造板和锯材进行核算，不包括别国进口到本国的木质林产品。采用"一阶衰减函数法"核算纸、人造板、锯材碳排放时，将纸、人造板、锯材半衰期分别确定为2年、25年和35年。

⑤允许从森林管理活动引起的碳排放/碳汇变化量的核算结果中扣除不可抗拒自然因素引起的森林火灾、病虫害等导致的森林碳排放。为此，必须提供不可抗拒自然因素引起的森林火灾、病虫害等导致的森林碳排放发生的具体位置、年代、干扰类型等信息，还必须证明发生的自然干扰确实不是人为引起的并超出了本国控制能力。但如对发生了不可抗拒自然因素引发的森林火灾、病虫害等干扰的森林进行拯救性采伐时，则须将其核算为碳排放。

⑥在核算造林、再造林、毁林、森林管理、植被恢复、采伐木质林产品

---

① 这里所提的"参考水平"由《议定书》下发达国家自愿提交，经专家审评确定后作为了第二承诺期LULUCF谈判达成的决定的附件。

活动引起的碳排放/碳汇变化量时，应对地上生物量、地下生物量、凋落物、枯死木、土壤有机碳、采伐木质林产品碳库进行选择，并对选择的碳库的碳储量变化进行核算。除采伐木质林产品碳库外，对选择不纳入核算的碳库，各国必须证明它不是排放源，否则就必须纳入核算。由天然林转为人工林时，其转化过程中产生的所有碳排放都必须纳入核算。在第二承诺期中，只有造林再造林活动可继续作为合格的 CDM 项目加以实施，须遵循的实施规则仍与《议定书》第一承诺期确定的规则完全一致。

从 2012 年起，各方就 LULUCF 议题下遗留的问题继续进行了多次讨论，这些问题包括是否采用更全面的 LULUCF 核算方式、是否在 CDM 下纳入新的 LULUCF 活动并建立相应的实施模式和程序、如何解决 CDM 下 LULUCF 项目非永久性风险、如何应用额外性概念等，但各方在这些问题上没有达成共识。从谈判情况看，发达国家很关注未来 LULUCF 的核算方式如何应用，主张发达国家和发展中国家按统一的规则报告或核算 LULUCF 碳源/碳汇变化情况，多数发展中国家反对，这些问题的讨论和谈判目前也基本处于停滞状态。

第三节 《公约》下减少发展中国家毁林所致排放的激励政策议题

一、该议题的演变过程

①减少发展中国家毁林排放的形成。2005 年年底在加拿大召开的 COP11 上，各方接受了巴布亚新几内亚和哥斯达黎加的建议，将"减少发展中国家毁林排放（以下简称 RED）：激励行动方针"纳入了谈判议题，旨在促使发达国家提供资金和政策激励，支持发展中国家减少毁林导致的温室气体排放，以减缓气候变暖。所谓毁林就是将有林地变为非林业用地，如农田、草场等。2006—2007 年，在《公约》附属科技咨询机构（以下简称 SBSTA）下，各方主要针对减少毁林排放涉及的科学技术和社会经济问题展开了讨论，主要包括：森林尤其是热带森林在全球碳循环中的作用、森林定义、估算毁林排放相关数据的可获得性和数据质量、毁林驱动因素和毁林率、碳储量和森林覆

盖率变化估算，以及不确定性问题、非永久性和泄漏风险、森林可持续管理相关能力建设、资金激励机制等。

②REDD 的形成。在 2007 年年底 COP13 期间，各方就激励机制和政策措施应涵盖哪些林业活动进行了激烈争论。非洲集团国家主张激励机制和政策措施不应仅限于减少毁林导致的排放，还应包括减少森林退化导致的排放，但巴西强烈反对。在得到包括中国和印度等国支持后，减少森林退化排放被各方同意先纳入激励机制和政策措施应涵盖的范围中，RED 也就扩展为 REDD。

③REDD+的形成。此后，在 COP13 期间，中国和印度提出激励机制和政策措施还应涵盖因森林保育、森林可持续经营、增加森林面积而保持和增加碳储量的行动，因为这些行动同样起到减缓气候变暖的作用，应同等激励、确保公平，以最大程度地发挥发展中国家林业减缓气候变暖的作用，中印的这项主张遭到了大多数发达国家和发展中国家尤其是巴西的强烈反对。经长时间激烈辩论，各方最终妥协同意了中印主张，在激励机制和政策措施中纳入了森林保育、森林可持续经营和增加碳储量行动。

至此，该议题就由最初只针对减少毁林排放逐渐扩展到包括减少森林退化排放和通过森林保育和森林可持续经营增加碳储量的行动，并纳入"巴厘行动计划"中。但在"巴厘行动计划"表述中，仍将减少毁林和森林退化排放，通过森林保育和森林可持续经营增加碳储量行动之间加了分号，反映各方对激励机制和政策措施应包含的行动范围仍存有分歧。在 2008 年年底 COP14 期间，中印两国在 SBSTA 就该议题进行的相关谈判中，再次强烈要求平等对待减少毁林和森林退化排放，通过森林保育和森林可持续经营增加碳储量的各项行动，并在此次 SBSTA 会议就该议题所做结论中将此前用的分号改成了逗号。与此同时，也就是在 COP14 的这次 SBSTA 会议上，部分发达国家以该议题表述过于冗长为由，建议采用 REDD+缩略语，得到中印的默许妥协。此后，REDD+缩略语得到普遍使用。但使用该缩略语难免有强化减少毁林和森林退化排放行动而弱化森林保育、可持续经营及增加碳储量行动的意味。

二、REDD+议题谈判涉及的内容

在 REDD+议题就行动范围达成一致后，谈判主要涉及两方面问题：一是如何评估 REDD+行动的效果，即如何测量和监测 REDD+行动减少了多少碳排放或增加了多少碳汇，主要在 SBSTA 下进行；二是如何为实施 REDD+行动提供有效的激励机制和政策措施，具体包括 REDD+行动的目标、范围和指导原则，实施手段，如何确保行动结果可测量、可报告和可核查，如何确保发达国家能提供有效的资金支持，如何改进发展中国家森林治理和相关制度安排，如何确保参与 REDD+行动的当地社区从中受益，在实施 REDD+过程中如何遵守保护生物多样性、促进当地人有效参与、公平分配利益、保护天然林、防止碳泄漏等原则。

三、REDD+谈判达成的共识

（一）到 2012 年年底各方达成的主要共识

一是 REDD+范围包括减少毁林和森林退化排放，以及通过森林保育和森林可持续经营增加碳储量的行动；发达国家同意根据 REDD+行动的结果，通过公共和私营部门以及双边和多边等渠道提供资金支持；要求《公约》下新成立的"绿色气候基金"为发展中国家实施 REDD+行动提供资金支持。

二是在获得资金和技术支持后，发展中国家可分阶段组织制定 REDD+国家战略，开展相关能力建设，组织实施国家战略，开展项目示范，确定国家层面计算减少森林碳排放量或稳定和增加森林碳储量的参考水平，建立国家森林监测体系，并由试点阶段逐步过渡到全面实施阶段。

三是在全面实施阶段，实施 REDD+行动的结果要符合"可测量、可报告、可核实"要求。支持 REDD+行动全面实施阶段的资金将来自多种渠道，既包括公共资金，也可能包括市场机制。同意在实施 REDD+行动的各阶段中，应遵守保护生物多样性、公平分配利益、保护天然林等原则，并通过发展中国家的信息通报报告这些原则如何得到遵守，并对遵守情况定期更新。

四是同意通过建立参考水平或参考排放水平的方法来评估发展中国家实施 REDD+行动的效果。建立参考水平或参考排放水平的方法应依据 IPCC 相关指南，要与发展中国家信息通报反映的森林碳排放/碳吸收情况保持一致。要求发展中国家要提交建立参考水平或参考排放水平的方法和相关信息，以说明为什么这么确定参考水平或参考排放水平，这些信息将由《公约》秘书处公布在网站上并接受专家的技术评估等。

（二）华沙会议达成的共识

2013 年 6 月，各方在 SBSTA 下就森林监测体系及测量、报告、核实指南，导致发展中国家毁林和森林退化的驱动力，提交遵守保护生物多样性等保障措施总结信息的时间和频率，建立森林参考水平或参考排放水平的技术评估指南，非碳效益，非市场手段以及支持 REDD+行动的长期资金等问题进行的谈判取得了积极进展。在 2013 年年底于波兰华沙召开 COP19 期间，各方就上述问题达成了一致。此后，各方还就如何为实施 REDD+行动带来的保护生物多样性等非碳效益以及利用非市场手段支持 REDD+减缓和适应的综合机制问题进行讨论和谈判，在 2015 年于法国巴黎召开的 COP21 前基本达成共识。

（三）《巴黎协定》的相关规定

在《巴黎协定》谈判期间，各方就 2020 年后如何继续发挥林业在应对气候变化中的独特作用进行了磋商。各国代表一致同意继续将森林作为 2020 年后减缓气候变暖的重要手段，但在是否将与森林相关的土地利用也纳入新协议中存在较大争议。考虑到维护粮食安全、提高农业适应气候变化的需要，发展中国家一致反对将"土地利用"或"土地部门"的表述纳入新协议中，最终森林及相关内容作为单独条款纳入了《巴黎协定》。

根据《巴黎协定》森林相关条款，2020 年后各国应采取行动，保护和增强森林碳库和碳汇，继续鼓励 REDD+行动，促进森林减缓和适应协同增效和森林可持续经营综合机制行动，强调在实施这些行动中应当关注保护生物多样性等非碳效益。

展望未来，《公约》及其《巴黎协定》将是 2020 年后各国长期合作应对气候变化的基本法律依据。伴随着《公约》及其《巴黎协定》的持续实施，相关实施规则还将不断完善，特别是随着发达国家和发展中国家温室气体排放格局的变化，以及科学界对林业相关活动碳排放和碳吸收认识的不断深化和相关技术方法的不断完善，各方可能会就进一步完善现行林业活动碳排放或碳吸收的技术规则进行谈判，林业议题仍然是未来《公约》及其《巴黎协定》实施谈判的组成部分。

第四章

全球林业使命：
林业应对气候变化的
独特作用及国际行动

林业在应对气候变化中具有独特作用，既能利用固碳释氧功能降低大气中温室气体浓度，减缓气候变化，又能发挥其他生态功能和经济、社会功能，促进自然生态系统和人类适应不断变化的气候环境。

第一节　林业在应对气候变化中的独特作用

全球现有森林面积约为 40 亿 hm^2，约占全球陆地面积的 31%。根据联合国粮食及农业组织（以下简称 FAO）2020 年全球森林资源评估报告，全球森林碳储总量约为 6620 亿 t，相当于吸收固定了 24295 亿 t CO_2e。因此，森林在减缓气候变化中具有重要作用。同时，森林自身需要适应气候变化，而森林自身适应气候变化能力的提升，也将在很大程度上提升森林减缓气候变化的能力。同时，森林在减缓和适应气候变化的过程中还会带来促进生物多样性保护、保持水土、净化水质、净化空气、防风固沙、促进生计改善等多重效益，所有这些就决定了林业在应对气候变化中发挥着独特作用。

一、林业在减缓气候变化中的重要作用

林业在减缓气候变化中的重要作用主要通过森林及其林产品的碳吸收、碳保存、碳替代过程得到发挥。碳吸收主要是指森林通过光合作用将大气中 CO_2 吸收固定到林木和森林土壤当中的过程。增加碳吸收主要包括造林、再造林、森林可持续经营、植被恢复、退化林修复、建立农林复合系统等提高林地生产力的措施。碳保存主要是指保护现有森林生态系统中储存的碳，减少其向大气中的排放。主要措施包括减少毁林和森林退化、控制森林火灾、防治森林病虫害、延长森林采伐间隔期、改进采伐作业、减少对森林土壤的干扰等。IPCC 第六次评估报告表明，全球农业、林业和其他土地利用（以下简称 AFOLU）导致的温室气体净排放量中，大约有一半来自毁林。碳替代主要是指用木质林产品替代水泥、钢材、塑料、砖瓦等能源密集型材料，或者用木质生物能源代替化石能源，可以减少温室气体排放。研究表明，用 $1m^3$ 木材替代同样数量的水泥、砖瓦等建筑材料大致可减少 0.8t CO_2e 的排放。虽

然部分木质林产品中储存的碳最终会通过腐烂分解返回到大气中，但森林的再生长可将这部分碳吸收回来，避免由于化石燃料燃烧引起的净排放。

根据 IPCC 第六次评估报告，在 2020—2050 年，预测 AFOLU 的经济减缓潜力为每年 80 亿 ~140 亿 t CO_2e，且每吨二氧化碳当量的减排成本低于 100 美元。在这些减缓潜力中，有 30%~50% 的减缓潜力实现成本低于 20 美元 /t CO_2e，并且在短期内有可能在全球大部分地区得到推行。在这些经济减缓潜力中，主要（42 亿 ~74 亿 t CO_2e）将来自森林、沿海湿地、泥炭地、稀树草原和其他草原等生态系统的保护、改善管理和恢复，减少热带地区毁林最具减缓潜力。此外，通过材料替代或者延长木质林产品使用寿命、增加其回收利用、增加对来自可持续经营森林的木质林产品的使用，都具有较大的减缓潜力。但是 AFOLU 的减排措施并不能弥补其他部门延迟减排导致的后果，而要发挥 AFOLU 的减缓潜力，必须要克服目前在体制、经济和政策等方面存在的诸多制约因素。IPCC 第六次评估报告也认为在这些减缓潜力得到发挥的同时，也会带来生物多样性和生态系统保护、粮食和水安全、木材供应、生计和土地保有权以及原住民、当地社区和小土地所有者的土地使用权方面的共同利益或风险。究竟是带来共同利益还是风险，很大程度上取决于具体的做法。

二、森林在适应气候变化方面具有重要作用

森林生长自始至终受到光照、温度、水分和风等自然因素的影响，这些因素都和气候有着紧密联系。因此，气候在很大程度上决定着森林类型、结构和功能。气候变化也必然引起森林植被分布及其结构和功能的变化。气候变化对森林的影响有的可能是有益的，比如气温升高会促进树木生长，扩大森林植被在寒冷区域的分布；但同时也会减少其他林木的生长，特别是气候变化将增加病虫害、火灾、极端天气的发生强度和频率，都会对森林的健康带来干扰，比如温暖干旱条件会增加许多温带和北方生物群落中的树木死亡率，使森林更易受到野火或病虫害的影响。同时，气候变化还可能与土地开发等其他压力因素协同作用，从而降低森林的适应能力，进一步对森林吸收和储存碳、净化空气、保持水土和作为野生动物栖息地等关键生态系统服务功能产生负面影响。虽然森林本身具有自适应气候变化的能力，但其自适应的结果往往具有较大不确定性或者难以达到预期效果。因此，在气候变化背

景下，还是需要采取更加积极的措施，提高森林适应气候变化的能力，减少气候变化对森林的不利影响，维持森林良好的服务功能。

提高森林适应气候变化能力，应当基于当前和未来气候变化情景，对森林面临的脆弱性和风险进行评估。在此基础上，进一步制定森林适应气候变化的战略和当前以及未来需要采取的行动，包括明确气候变化背景下森林适应气候变化的目标，采取成本有效的行动措施设法减少当前和未来气候变化对森林的干扰，促进森林在遭受气候变化干扰后能够尽快恢复。同时，还应当对实施的森林适应气候变化行动效果进行监测，根据监测结果不断地调整和完善森林适应气候变化的措施等。研究表明，选择乡土树种，营造混交林，加强对现有森林的抚育间伐等措施，可以增强森林适应气候变化的能力。

森林在自身适应气候变化的同时，也会增强其他方面应对气候变化的能力，比如营造农田防护林可以提升农作物适应气候变化能力，在沿海地区恢复红树林等措施可以强化海岸带适应气候变化的能力，等等。

第二节　《公约》进程相关的林业应对气候变化行动

林业在减缓和适应气候变化中的独特作用在《公约》及其后续的《议定书》《坎昆协议》《巴黎协定》中都得到了承认。很多《公约》缔约方已将林业活动纳入了其履约承诺的行动中。

一、《公约》进程下林业应对气候变化行动

在实施《公约》背景下，根据《公约》相关规定，《公约》缔约方应当定期向《公约》秘书处提交国家信息通报以及相关报告，其中《公约》附件一缔约方（通称"发达国家"）应按每4年一次的频率向《公约》秘书处提交国家信息通报和每2年一次的报告，以及年度温室气体清单报告。而《公约》非附件一缔约方（通称"发展中国家"）须在加入《公约》后3年内提交第一份信息通报，此后每4年提交一次。国家信息通报中包括温室气体清单以及适应气候变化行动等，通常都包括林业活动导致的温室气体碳源或碳汇变化

情况，以及林业适应气候变化的行动。

在实施《议定书》背景下，根据《议定书》相关规定，《议定书》下的许多发达国家为实现其减排承诺，根据《议定书》中 3.3、3.4、3.7 以及 12 等条款，将其国内实施的造林、再造林、毁林、森林经营活动以及采伐利用木质林产品等导致的碳源或碳汇变化作为重要手段，根据《议定书》相关规则要求报告这些活动产生碳源或碳汇变化的情况。根据《议定书》下实施联合履约和 CDM 的具体规定，发达国家之间可以依据联合履约机制实施造林再造林项目。而发达国家和发展中国家则可以在 CDM 下合作实施造林或再造林项目。但随着《议定书》的终结，联合履约和 CDM 下造林和再造林项目也就不再实施。

在实施《坎昆协议》背景下，许多国家都将林业活动纳入了本国减缓和适应气候变化的行动，也需要按照实施《坎昆协议》的具体要求，定期提交行动产生的效果情况。发达国家和发展中国家在提交实施其包括林业活动在内的应对气候变化行动效果时，所遵循的技术指南有所不同。2013 年之后，随着各方就实施 REDD+ 的技术规则达成一致，许多发展中国家则开始实施了 REDD+ 行动。

二、《公约》进程相关的林业应对气候变化国际行动

伴随着气候《公约》谈判进程，国际社会为促进各国尤其是发展中国家保护和扩大森林，增加森林碳汇，减少毁林排放，先后达成了一系列宣言和倡议：

（一）《纽约森林宣言》和《行动议程》

该宣言是 2014 年由联合国秘书长主持的气候峰会推动、30 多个国家和 40 多个国际大企业以及 50 多个知名国际组织在纽约总部达成的一项不具法律约束力的政治宣言，承诺到 2020 年将天然林损失减少一半，并努力在 2030 年前结束毁林的目标。同时，呼吁加大恢复森林力度，实现每年减少 45 亿~88 亿 t 碳排放的目标。此后，还进一步制定了《行动议程》。该宣言构建了一个多方利益相关者合作的平台，通过促进主要利益相关者之间的协调和沟通，分享与实施宣言相关的最佳做法、资源和经验教训；支持对实施进展的持续监测，以推进行动进展和不断提高行动目标。

（二）《关于森林促进气候的部长级卡托维兹宣言》

该宣言由参加 2018 年波兰卡托维兹 COP24 的部长们通过，强调了可持续森林管理在实现气候中和方面的作用，承诺加快行动，确保到 2050 年保持并进一步支持和加强森林和林产品的全球贡献，支持实现《巴黎协定》，鼓励科学界继续探索量化包括森林碳在内的土地利用所致碳汇和碳库的贡献，以在 21 世纪下半叶实现碳中和。鼓励城市、地区、企业和投资者继续在与林业有关的气候行动中展示其雄心和承诺。

（三）2019 年联合国气候行动峰会

为加快实施《巴黎协定》，2019 年 9 月联合国秘书长主持召开了这次峰会，旨在促进各国采取更有力度的国家自主行动，以实现 2020 年温室气体减排 45%，2050 年实现净零排放目标。峰会期间在"可持续农业及海洋和森林管理"议题下讨论了森林碳相关土地利用问题，中美洲国家等还提出了到 2030 年，将恢复和保护 1000 万 hm² 退化的土地和生态系统，到 2040 年促进 AFOLU 的可持续和气候适应碳中和。

（四）2021 年英国格拉斯哥 COP26 领导人关于森林和土地利用的宣言

该宣言承诺，通过共同努力，到 2030 年实现阻止和扭转森林减少与土地退化，实现可持续发展。保护现有森林和其他陆地生态系统并加快其恢复；通过优化国际国内贸易和发展政策，促进可持续发展、可持续商品生产与消费以及各国的互惠互利，同时又不导致毁林和土地退化。

（五）2022 年埃及沙姆沙伊赫 COP27 森林伙伴关系行动

欧盟与 5 个伙伴国家在 COP27 期间启动的这个行动，旨在扭转受支持国家的毁林，加强对气候和生物多样性的保护，增加森林碳汇。改善森林治理和改善商业环境确保可持续森林管理。寻找促进合法和可持续林产品的生产和贸易的方法。激励森林生物经济实现经济转型，通过与森林有关的可持续价值链和市场准入创造就业机会并推动社会经济发展。

第三节　围绕 REDD+ 采取的有关国际行动

为推动《公约》下林业相关决定尤其是 REDD+ 行动的实施，自 2007 年以来，许多国际组织和相关国家也实施了一系列林业应对气候变化的相关行动。

（一）森林碳伙伴关系基金（FCPF）

2007 年由世界银行和大自然保护协会提出，通过德国促进得到 G8 国家支持后，于同年 12 月的 COP13 上正式启动，目前包括非洲、亚洲、拉丁美洲和加勒比地区的 47 个发展中国家、17 个出资方，承诺捐资总额为 13 亿美元。FCPF 是政府、企业、民间社会和原住民组织的全球伙伴关系，专注于实施减少发展中国家 REDD+。FCPF 通过两个独立但互补的基金支持 REDD+ 工作。FCPF 准备基金共 4 亿美元，旨在帮助各国建立实施 REDD+ 需要制定的国家战略，建立参考排放水平和测量、报告和核查系统以及实现相应的环境和社会保障要求的措施。FCPF 碳基金试点共有基金 9 亿美元，旨在向那些实施 REDD+ 条件就绪的国家，当这些国家开始实施 REDD+ 行动后，则根据其实施成效情况提供基于结果的支付。

（二）联合国减少发展中国家毁林和森林退化所致排放合作伙伴关系（UN-REDD）

UN-REDD 于 2008 年启动，由 FAO、联合国开发计划署（以下简称UNDP）和 UNEP 共同发起的支持发展中国家 REDD 行动的联合国伙伴关系。目前由 65 个发展中国家和 6 个捐资国组成，预算资金 2.56 亿美元。重点针对实施《巴黎协定》第 5 条和第 6 条，以减少毁林和森林退化以及促进可持续土地利用，推进减缓气候变化的国际合作，调动气候资金来扭转热带地区毁林趋势。UN-REDD 支持国家主导的 REDD+ 进程，并促进包括原住民和地方社区在内的所有利益相关方知情和有意义地参与执行商定的 REDD+ 活动。

（三）中部非洲森林倡议（CAFI）

该倡议于 2015 年联合国大会期间启动，是一个合作伙伴关系，汇集了UNDP、FAO、世界银行、6 个中非伙伴国家（包括喀麦隆、中非、刚果民主共和国、赤道几内亚、加蓬和刚果共和国）和一个捐助者联盟（包括法国、挪威、德国、英国、荷兰、韩国等），资金支持到 2027 年年底。其目的是支持该地区各国政府实施改革并增加投资，以阻止导致该地区毁林和森林退化的驱动因素。该倡议以中部非洲高森林覆盖率国家为重点，支持国家层面REDD+ 行动，以及低排放发展投资，以减缓气候变化和减轻贫困。CAFI 秘书处设在日内瓦，由 UNDP 负责。该倡议的实施实体包括联合国组织、世界银行、国际合作机构以及非政府组织和研究机构等。

（四）挪威国际气候和森林倡议（NICFI）

挪威政府于 2008 年启动，以帮助拯救世界热带森林，同时改善居住在那里的人们的生计，该倡议承诺每年出资 30 亿挪威克朗，由挪威气候与环境部与挪威发展合作署（NORAD）共同管理。该倡议下的主要目标有：促进可持续土地利用；促进减轻全球市场对森林的压力。该倡议资助的项目应有助于实现倡议成果框架中规定的一项或多项成果，批准和实施热带森林国家和管辖区的可持续森林和土地利用政策，改善热带森林国家原住民和地方社区的权利和生计，减少热带森林的毁林，提高土地管理、土地利用、价值链和融资的透明度，激励热带森林国家的大宗商品生产、金融措施等应当致力于减少热带地区的毁林和非法采伐等，从而减少由毁林导致的温室气体排放。伙伴国家目前包括巴西、哥伦比亚、刚果共和国、厄瓜多尔、埃塞俄比亚、圭亚那、印度尼西亚、利比里亚、秘鲁。

（五）联合国生态系统恢复十年（2021—2030）（United Nations Decade on Ecosystem Restoration 2021-2030）

只有拥有健康的生态系统，才能改善民生，应对气候变化，阻止生物多样性的崩溃。根据 2019 年 3 月 1 日第 73 届联合国大会第 284 号决议确定 2021—2030 年为联合国生态系统恢复十年，发出保护和恢复世界各地生态系统的号召，目的是支持和扩大在预防、遏止和扭转全世界生态系统退化方面所作的努力，提高对成功恢复生态系统的重要性的认识。由 UNEP 和 FAO 领导，通过促进广泛的全球和各国行动，推广良好做法，兑现国际承诺，促进将生态系统恢复纳入各国国家政策和计划等措施，以应对因海洋和陆地生态系统退化、生物多样性丧失和气候变化脆弱性而带来的挑战，增强生态系统适应能力，为维持和改善所有人的生计创造机会。

（六）森林与气候领袖伙伴关系（FCLP）

该伙伴关系致力于扩大和维持森林、土地利用和气候方面的高级别政治领导，共同努力实施减少森林损失、增加森林恢复和支持森林可持续发展的解决方案，努力实现到 2030 年遏制和扭转森林损失和土地退化，同时实现可持续发展，促进包容性农村转型，并确保对已作出的承诺负责。目前的成员包括：澳大利亚、加拿大、哥伦比亚、刚果共和国、哥斯达黎加、厄瓜多尔、芬兰、斐济、法国、加蓬、德国、加纳、圭亚那、日本、肯尼亚、韩国、荷兰、尼日利亚、挪威、巴基斯坦、新加坡、瑞典、坦桑尼亚、英国、美国和越南等。

（七）世界经济论坛发起的1万亿棵树倡议

该倡议是世界经济论坛加速推动的基于自然的解决方案的一部分，旨在支持联合国生态系统恢复十年以及实现《巴黎协定》所确定的减缓气候变化目标。该倡议于2020年启动，主要是促进企业参与。计划筹集资金实现到2030年保护、恢复和种植1万亿棵树。目前中国、美国、墨西哥、巴西、印度、加拿大以及非洲撒哈拉和萨赫勒地区绿色长城倡议都加入了1万亿棵树倡议。

此外，2009年芬兰政府和FAO签署了一项1700万美元的伙伴关系协议，旨在为厄瓜多尔、秘鲁、坦桑尼亚、越南和赞比亚5个国家开展森林清查，实施林业相关的减缓和适应气候变化行动提供支持。2009年澳大利亚也建立了2亿澳元的国际森林碳倡议，重点支持印度尼西亚和巴布亚新几内亚开展REDD+活动。2017年意大利政府发起了支持国家层面实施REDD+的全球倡议（GIORNI），重点支持厄瓜多尔、加纳和缅甸等发展中国家实施减少毁林的行动。国际热带木材组织（ITTO）也于2009年启动了旨在促进森林减缓气候变化行动的可持续森林管理项目，等等。

以上只是列举了国际社会发起的林业应对气候变化的部分行动，随着应对气候变化国际进程的不断演进，国际社会还将不断地发起形式多样的林业相关行动，以通过保护和恢复森林生态系统，应对气候变化和保护生物多样性。

第五章

国家总体部署：林业在"双碳"进程中的战略任务

做好林业碳汇工作，必须从国家战略全局视角来审视和思考问题。只有从战略全局出发深入了解国家对林业应对气候变化工作的总体部署和党中央、国务院对林业碳汇工作的具体要求，才能增强做好碳汇工作的责任感和紧迫感，才能找准与国家其他战略任务的结合点，从而取得社会各方面的理解和支持，才能把握碳汇工作的大方向。

第一节　国家对林业应对气候变化的总体部署

一、党的二十大报告的总体部署

党的二十大报告第十部分"推动绿色发展，促进人与自然和谐共生"，对应对气候变化、碳达峰和碳中和工作作出了总体部署。报告指出，大自然是人类赖以生存发展的基本条件。尊重自然、顺应自然、保护自然，是全面建设社会主义现代化国家的内在要求。必须牢固树立和践行绿水青山就是金山银山的理念，站在人与自然和谐共生的高度谋划发展。我们要推进美丽中国建设，坚持山水林田湖草沙一体化保护和系统治理，统筹产业结构调整、污染治理、生态保护、应对气候变化，协同推进降碳、减污、扩绿、增长，推进生态优先、节约集约、绿色低碳发展。

报告强调要提升生态系统多样性、稳定性、持续性。以国家重点生态功能区、生态保护红线、自然保护地等为重点，加快实施重要生态系统保护和修复重大工程。推进以国家公园为主体的自然保护地体系建设。实施生物多样性保护重大工程。科学开展大规模国土绿化行动。深化集体林权制度改革。推行森林休养生息。建立生态产品价值实现机制，完善生态保护补偿制度。加强生物安全管理，防治外来物种侵害。报告要求积极稳妥推进碳达峰碳中和。提升生态系统碳汇能力。积极参与应对气候变化全球治理。

二、《国家应对气候变化规划（2014—2020 年）》的相关部署

2014 年 9 月，国家发展和改革委员会会同有关部门编制印发的《国家应

对气候变化规划（2014—2020 年）》，将到 2020 年森林面积和蓄积量分别比 2005 年增加 4000 万 hm^2 和 13 亿 m^3 作为控制温室气体排放行动目标全面完成的重要标志。将沙化土地治理面积占可治理沙化土地面积的 50% 以上，森林生态系统稳定性增强，林业有害生物成灾率控制在 0.4% 以下作为适应气候变化能力大幅提升的重要任务。将增加森林碳汇作为控制温室气体排放的战略任务。要求实施应对气候变化林业专项行动计划，统筹城乡绿化，加快荒山造林，推进"身边增绿"和城市园林绿化，深入开展全民义务植树活动，继续实施林业生态重点工程。强化现有林保护，切实加强森林抚育经营和低效林改造，减少毁林排放。将提高林业适应能力作为适应气候变化影响的战略任务。要求坚持因地制宜，宜林则林、宜灌则灌，科学规划林种布局、林分结构、造林时间和密度。对人工纯林进行改造，提高森林抚育经营技术。加强森林火灾、野生动物疫源疾病、林业有害生物防控体系建设。

三、《关于完整准确全面贯彻新发展理念做好碳达峰碳中和工作的意见》的相关部署

2021 年 10 月 24 日发布的《中共中央　国务院关于完整准确全面贯彻新发展理念做好碳达峰碳中和工作的意见》，到 2025 年森林覆盖率达到 24.1%，森林蓄积量达到 180 亿 m^3，2030 年森林覆盖率达到 25% 左右，森林蓄积量达到 190 亿 m^3，到 2060 年碳中和目标顺利实现作为"双碳"工作的主要目标。将巩固生态系统碳汇能力、提升生态系统碳汇增量作为"双碳"工作的重点任务。该意见明确要求：强化国土空间规划和用途管控，严守生态保护红线，严控生态空间占用，稳定现有森林等固碳作用。实施生态保护修复重大工程，开展山水林田湖草沙一体化保护和修复。深入推进大规模国土绿化行动，巩固退耕还林还草成果，实施森林质量精准提升工程，持续增加森林面积和蓄积量。

四、《2030 年前碳达峰行动方案》的相关部署

2021 年 10 月 24 日，国务院印发的《2030 年前碳达峰行动方案》，将碳汇能力巩固提升行动作为十大行动之一。该方案提出要坚持系统观念，推进山水林田湖草沙一体化保护和修复，提高生态系统质量和稳定性，提升生态系统碳

汇增量。一是要巩固生态系统固碳作用。结合国土空间规划编制和实施，构建有利于碳达峰、碳中和的国土空间开发保护格局。严守生态保护红线，严控生态空间占用，建立以国家公园为主体的自然保护地体系，稳定现有森林的固碳作用。二是要提升生态系统碳汇能力。实施生态保护修复重大工程。深入推进大规模国土绿化行动，巩固退耕还林成果，扩大森林资源总量。强化森林资源保护，实施森林质量精准提升工程，提高森林质量和稳定性。到 2030 年，全国森林覆盖率达到 25% 左右，森林蓄积量达到 190 亿 m^3。三是要加强生态系统碳汇基础支撑。建立生态系统碳汇监测核算体系，开展森林碳汇本底调查、碳储量评估、潜力分析，实施生态保护修复碳汇成效监测评估。加强碳汇基础理论、基础方法、前沿颠覆性技术研究。建立健全能够体现碳汇价值的生态保护补偿机制，研究制定碳汇项目参与全国碳排放权交易相关规则。

五、《国家适应气候变化战略 2035》的相关部署

2022 年 5 月 10 日，生态环境部等部门联合印发的《国家适应气候变化战略 2035》，既有对森林生态系统自身的要求，也有发挥森林在其他生态系统中适应作用的要求。

该战略对提升自然生态系统适应气候变化能力作出了全面系统的部署。要求统筹推进山水林田湖草沙一体化保护和系统治理，全方位贯彻"四水四定"原则，统筹陆地和海洋适应气候变化工作，实施基于自然的解决方案，提升我国自然生态系统适应气候变化能力。一是要构建陆地生态系统综合监测体系。二是要建立完善陆地生态系统保护与监管体系。三是要加强典型生态系统保护与退化生态系统恢复。四是要提升灾害预警、防御与治理能力。五是要实施生态保护和修复重大工程规划与建设。六是要加强陆地生态系统生物多样性保护。

该战略对充分发挥森林在其他生态系统中的作用提出了明确要求。一要发挥森林在海洋生态系统中的作用。将沿海防护林基干林带达标率不低于 98% 作为加强沿海生态系统保护修复的重要目标。将开展红树林保护修复、保护海南岛热带雨林作为海岸带生态系统保护和修复工程的重要内容。二要发挥森林在农业生态系统中的作用。将选育林果适应性良种作为优化农业气候资源利用格局的重要方向。将发展林果应变栽植作为强化农业应变减灾工作体系的重要组成部分。将发展混林农业和山区立体农业，推广合理的间作套作体系作为增强

农业生态系统气候韧性的重要手段。三要发挥森林在城市生态系统中的作用。完善城市生态系统服务功能。构建城市生态安全屏障，增强生态系统在涵养水源、净化水质、蓄洪抗旱、调节气候和维护生物多样性等方面的服务功能，有效缓解城市热岛效应、内涝和重污染天气等问题。严格保护森林生态系统，科学规划布局城市绿环绿廊绿楔绿道，持续推进城市生态修复，优化提升城市绿地系统。丰富城市公园类型，构建公园体系，实现"300米见绿、500米见园"。

第二节 国家对林业碳汇工作的新要求

一、党中央关于林业碳汇工作的要求

2015年4月，中共中央、国务院印发的《关于加快推进生态文明建设的意见》指出要积极应对气候变化。坚持当前长远相互兼顾、减缓适应全面推进，通过节约能源和提高能效，优化能源结构，增加森林碳汇等手段，有效控制二氧化碳等温室气体排放。

2018年9月，中共中央、国务院印发的《乡村振兴战略规划（2018—2022年）》要求推动市场化多元化生态补偿，建立健全用水权、排污权、碳排放权交易制度，形成森林生态修复工程参与碳汇交易的有效途径。

2021年9月，中共中央、国务院印发的《关于完整准确全面贯彻新发展理念做好碳达峰碳中和工作的意见》明确要求持续巩固提升碳汇能力。一要巩固生态系统碳汇能力。稳定现有森林等固碳作用。二要提升生态系统碳汇增量。实施生态保护修复重大工程，开展山水林田湖草沙一体化保护和修复。深入推进大规模国土绿化行动，巩固退耕还林还草成果，实施森林质量精准提升工程，持续增加森林面积和蓄积量。整体推进海洋生态系统保护和修复，提升红树林等固碳能力。同时要求加强气候变化成因及影响、生态系统碳汇等基础理论和方法研究。

2023年9月25日，中共中央办公厅、国务院办公厅印发的《深化集体林权制度改革方案》明确指出：集体林是提升碳汇能力的重要载体。要求建立健全林业碳汇计量监测体系，形成林业碳汇核算基准线和方法学。支持符

合条件的林业碳汇项目开发为温室气体自愿减排项目并参与市场交易，建立健全能够体现碳汇价值的生态保护补偿机制。探索实施林业碳票制度，制定林业碳汇管理办法，鼓励碳排放企业、大型活动组织者、社会公众等通过购买林业碳汇履行社会责任。探索基于碳汇权益的绿色信贷产品，符合条件的可纳入碳减排支持工具范围。

二、国务院关于林业碳汇工作的要求

2014年11月，国务院印发的《关于创新重点领域投融资机制鼓励社会投资的指导意见》要求加快在国内试行碳排放权交易制度，探索森林碳汇交易，发展碳排放权交易市场，鼓励和支持社会投资者参与碳配额交易。

2016年10月，国务院印发的《关于印发〈"十三五"控制温室气体排放工作方案〉的通知》提出碳汇能力显著增强的目标。把增加生态系统碳汇作为努力方向。要求加快造林绿化步伐，推进国土绿化行动，继续实施重点生态工程；全面加强森林经营，实施森林质量精准提升工程，着力增加森林碳汇。强化森林资源保护和灾害防控，减少森林碳排放。

2021年5月，国务院办公厅印发的《关于科学绿化的指导意见》明确要求，加强规划引领，优化资源配置，强化质量监管，完善政策机制，全面推行林长制，科学开展大规模国土绿化行动，增强生态系统功能和生态产品供给能力，提升生态系统碳汇增量。实施森林质量精准提升工程，加大森林抚育、退化林修复力度，优化森林结构和功能，提高森林生态系统质量、稳定性和碳汇能力。制定林业草原碳汇行动方案，深化集体林权制度改革，加快建立生态产品价值实现机制，完善生态补偿机制。

2021年10月，国务院印发的《关于印发〈2030年前碳达峰行动方案〉的通知》明确将碳汇能力巩固提升行动作为"碳达峰十大行动"之一。同月，国务院办公厅印发的《关于鼓励和支持社会资本参与生态保护修复的意见》对碳汇工作也提出了明确要求。在获益方式上，允许社会资本投资形成的具有碳汇能力且符合相关要求的生态系统保护修复项目，申请核证碳汇增量并进行交易。在重点领域上，允许社会资本参与全面提升生态系统碳汇能力，增加碳汇增量的活动，鼓励其开发碳汇项目。在激励机制上，研究制定生态系统碳汇项目参与全国碳排放权交易相关规则，逐步提高生态系统碳汇交易量。

第六章

令人瞩目的成就：林业在"双碳"进程中的奋发作为

国家林业和草原局深入学习贯彻习近平总书记关于碳达峰碳中和工作的重要讲话和指示批示精神，认真落实中共中央、国务院《关于完整准确全面贯彻新发展理念做好碳达峰碳中和工作的意见》和《2030年前碳达峰行动方案》，充分发挥林草行业在应对气候变化中的重要作用，着力提高林草碳汇能力，提升生态系统质量和稳定性。

第一节　林业应对气候变化工作有序推进

一、加强组织领导

国家林业和草原局调整充实林草应对气候变化工作领导小组，建立了应对气候变化工作专班，制订工作方案，研究部署重点工作，明确工作目标和任务分工，建立工作机制，压实各成员单位的主体责任，推进任务落实。成立由国内气候变化和碳汇研究领域的院士和著名专家组成的国家林业和草原局应对气候变化专家咨询委员会，成立碳汇研究院，为碳达峰碳中和工作的推进提供坚实组织保障。每年都组织召开国家林业和草原局应对气候变化专班会，系统部署全年林草应对气候变化工作，印发《林业和草原应对气候变化重点工作安排与分工方案》。

二、完善政策体系

积极参与碳达峰碳中和"1+N"政策体系建设。以巩固提升森林、草原、湿地生态系统碳汇能力为核心，国家林业和草原局会同自然资源部、国家发展和改革委员会、财政部编制印发《生态系统碳汇能力巩固提升实施方案》，明确了林草碳汇目标和实施路径，聚焦巩固和提升两个关键行动，采取有力措施持续提升我国生态系统的碳汇能力，突出森林在陆地生态系统碳汇中的主体作用，提升生态系统固碳增汇能力。

国家林业和草原局会同国家标准化管理委员会等11部门联合印发《碳达峰碳中和标准体系建设指南》，构建了碳达峰碳中和标准体系，与国家市场监督管理总局等 8 部门联合印发《建立健全碳达峰碳中和标准计量体系实施方案》，与中国气象局联合印发《科学绿化气象保障服务行动计划（2022—2025年）》。印发《"十四五"林业草原保护发展规划纲要》，编制《东北森林带生态保护和修复重大工程建设规划（2021—2035 年）》《北方防沙带生态保护和修复重大工程建设规划（2021—2035 年）》《南方丘陵山地带生态保护和修复重大工程建设规划（2021—2035 年）》等"双重"专项规划。印发《国务院办公厅关于科学绿化的指导意见》《全国国土绿化规划纲要（2022—2030 年）》，部署当前和今后一个时期我国国土绿化工作。印发《红树林保护修复专项行动计划》，积极有序地开展红树林保护修复工作，推动林草生态系统增加碳汇。印发《国家林业和草原局应对气候变化工作领导小组办公室关于加强林草应对气候变化工作管理的通知》，规范林草应对气候变化工作管理。

三、坚持试点先行

以巩固提升林草生态系统碳汇能力为主线，开展固碳增汇技术试验和碳汇价值实现机制创新，选定 18 个市（县）和 21 家国有林场开展试点工作。发扬"抓铁有痕、踏石留印"工作作风，锚定目标任务，抓实抓细试点各项工作。举办培训班，研讨解决试点方案编制、增汇技术等关键问题，并作出针对性指导。召开试点方案专题推进会，组织专家"一地一策，逐一会诊"，结合地方特色，明确试点目标，聚焦重点任务，优化试点方案。建立专家指导工作机制，为试点单位提供"一对一"的全过程跟踪指导服务。甘肃省小陇山林业保护中心探索天然次生林固碳增汇关键技术。浙江省安吉县利用竹林碳汇推动产业振兴共富。福建省三明市、南平市，内蒙古自治区包头市，云南省宁洱县，陕西省咸阳市等开发"林业碳票""一元碳汇"等产品，调动社会资本投入，提高林草生态系统碳汇能力。通过国家试点带动全国各地进一步推进试点建设工作。

第二节　碳汇能力巩固提升行动初见成效

一、扩大林草资源面积，提升碳汇增量

科学开展国土绿化，开展全民义务植树，推进森林城市建设和乡村绿化美化，坚持扩绿增汇一体推进。2021 年，全国完成造林 360 万 hm²，种草改良草原 306.67 万 hm²，治理沙化、石漠化土地 144 万 hm²，新建 9 个国家沙化土地封禁保护区。2022 年完成造林 383 万 hm²、种草改良 321.4 万 hm²、治理沙化石漠化土地 184.73 万 hm²。目前，我国森林面积 2.31 亿 hm²，森林覆盖率达 24.02%，活立木总蓄积量 220.43 亿 m³，森林蓄积量 194.93 亿 m³，草地面积 2.65 亿 hm²，草原综合植被盖度 50.32%。林草生态系统呈现健康状况向好、质量逐步提升、功能稳步增强的发展态势。增加林草面积，提升生态系统碳汇增量。

近年来，科学绿化迈出重要步伐，提出统筹山水林田湖草沙系统治理，走科学、生态、节俭的绿化发展之路。编制《全国国土绿化规划纲要（2022—2030 年）》。开展造林绿化空间适宜性评估，初步掌握全国造林空间底数。全面实行造林绿化任务带位置上报、带图斑下达，推进造林、种草改良、防沙治沙等任务落地上图。组织实施了 20 个国土绿化试点示范项目，启动辽宁等 7 省（自治区）科学绿化试点示范省建设。

深入推进重点生态工程建设。在"三区四带"等重点区域组织开展 72 个生态保护和修复工程项目建设。组织实施"十四五"前两批 19 个山水林田湖草沙一体化保护和修复工程项目，"山水工程"入选世界十大生态恢复旗舰项目。持续推进青藏高原等重点区域历史遗留矿山生态修复项目。2021 年，三北工程完成造林 89.59 万 hm²；京津风沙源治理工程完成造林 21.25 万 hm²，工程固沙 0.67 万 hm²；完成石漠化综合治理 33 万 hm²；建设国家储备林 40.53 万 hm²；开展草原生态修复 156.26 万 hm²。2022 年，三北工程完成造林 84.79 万 hm²，新增 18 处国际重要湿地和 4 处国家湿地公园，7 个城市被评选为第二批国际湿地城市；在 7 省（自治区）开展防沙治沙综合示范区建设，新建、续建 6 个沙化土地封禁保护区。

城乡绿化美化同步推进。2022 年，国家林业和草原局印发《国家森林城市管理办法》，授予 26 个城市"国家森林城市"称号，全国国家森林城市数量达 218 个。全国 100 余个城市开展了国家园林城市建设，全国各地建设 3520 个"口袋公园"。落实河湖长制，推进沿河沿湖绿色生态廊道建设。在推进高标准农田建设中，因害设防、因地制宜布设农田防护林网工程。全面推进"互联网+全民义务植树"，持续扩大林草资源总量，提升碳汇增量。

二、提高林草资源质量，增强碳汇能力

强化森林质量提升。启动森林可持续经营试点，国家林业和草原局印发《全国森林可持续经营试点实施方案（2023—2025 年）》，落实 310 家试点单位，建立 220 种森林经营模式。开展森林质量精准提升，2021 年完成退化林修复 93.33 万 hm^2；全国经济林面积保持在 4000 万 hm^2 以上，完成油茶林新造改造 25.13 万 hm^2；新增和修复退化湿地 7.27 万 hm^2，湿地生态效益补偿受益农户 16760 户，湿地生态效益补偿面积 2.35 万 hm^2。目前，已指定 64 处国际重要湿地，建立 602 处湿地自然保护区、899 处国家湿地公园。

2022 年，持续推进退化林修复和森林抚育，完成退化林修复 142 万 hm^2，完成国家储备林建设任务 46.2 万 hm^2，完成种草改良 321.4 万 hm^2，其中人工种草 120.4 万 hm^2、草原改良 201 万 hm^2。内蒙古、甘肃、青海、西藏等 4 个省（自治区）人工种草超过 6.67 万 hm^2。启动首批 18 处国有草场建设试点，推进国家草原公园建设试点，安排草种繁育基地建设任务 2.1 万 hm^2。发布第六次全国荒漠化沙化调查和岩溶地区第四次石漠化调查结果。推进沙化土地封禁保护区及国家沙漠公园建设，新建、续建 6 个国家沙化土地封禁保护区，新建 3 个国家沙漠公园，夯实碳汇能力巩固提升基础。

三、加强林草资源保护，减少碳库损失

全面建立林长制。形成省市县乡村五级林长组织体系，各级林长近 120 万名，初步建立起党委领导、党政同责、属地负责、部门协同、源头治理、全域覆盖的长效机制。林长制督查考核列入中央和国家机关年度督查检查考核计划。首次产出统一标准、统一底图、统一时点的 2021 年度

林草生态综合监测成果，林草生态网络感知系统建设和应用持续深化。着力加强以国家公园为主体的自然保护地体系建设。正式设立三江源、大熊猫、东北虎豹、海南热带雨林、武夷山第一批 5 个国家公园。截至 2022年年底，我国已建成国家公园、自然保护区、自然公园等各级各类自然保护地 9000 多个。

全面保护林草资源，构建林地保护利用发展新格局。以《全国国土空间规划纲要（2021—2035 年）》为统领，加快推进新一轮林地保护利用规划编制工作。严格落实林地用途管制，坚持和完善林地定额管理制度。严格执行限额采伐和凭证采伐的林木采伐管理制度。全面落实天然林管护责任，使 1.72 亿 hm² 天然林得到有效保护。持续开展"天上看、地面查"的全国森林监督，严厉打击违法毁林、破坏草原重点案件，全力督促地方履行主体责任。挂牌督办、通报一批破坏林草资源的重点案件，集中约谈部分问题严重地区。公安部、住房城乡住建部、国家林业和草原局联合开展打击破坏古树名木违法犯罪活动专项整治行动。

着力加强森林草原火灾和林草有害生物防控。2021 年，启动松材线虫病疫情防控五年攻坚行动，建立 13 个部门防控协作机制，对黄山、秦岭等重点生态区域进行包片蹲点。全国松材线虫病疫情防控成效初步显现，扩散趋势有所放缓。全国林业、草原有害生物防治面积分别达 966.67 万 hm²、1373.33万 hm²。2022 年，建立包片蹲点机制，全年森林草原火灾受害率持续保持历史低位。全国共发生森林火灾 709 起，受害森林面积约 4689.5hm²；发生草原火灾 21 起，受害草原面积约 3183hm²。重点林区雷击火防控取得技术突破。森林雷击火防控应急揭榜挂帅项目研建了一套先进精准森林雷击火监测预警防控技术体系，在 2022 年，全部精准监测到大兴安岭林区发生的 35 起雷击火，有效防控雷击火灾发生。深入推进松材线虫病防控五年攻坚行动，2022 年，首次实现县级疫区和乡镇疫点数量净下降，松材线虫病发生面积和病死树数量比 2021 年分别下降 11.9% 和 26.1%。加强美国白蛾防治，建立联防联控工作机制，开展重点地区包片蹲点，发生面积比上年下降 7.5%，危害程度整体减轻，未发生重大灾情和舆情。完成林业有害生物防治 960.0万 hm²、草原有害生物防治 1384.6 万 hm²，继续推进草原有害生物普查工作。国家林业和草原局等 5 个部门印发《互花米草防治专项行动计划（2022—2025 年）》。

第三节　碳汇能力支撑保障明显加强

一、加强计量监测，摸清碳汇家底

2009 年启动了全国林业碳汇计量监测体系建设，布设了 1.64 万个 4km×4km 的碳汇监测样地，结合全国林草资源有关调查结果，在已经完成两次全国林草碳汇计量监测基础上，开展了第三次全国林草碳汇计量监测，并编制了《2020 年全国林草碳汇计量分析主要结果报告》，积极回应了当前有关林草碳汇数据等热点问题。报告显示，2020 年全国林草碳储量 885.86 亿 t。2020 年全国林草碳汇量为 12.62 亿 t CO_2e，其中林地 8.63 亿 t CO_2e、其他生物质（散生木和四旁树）0.58 亿 t CO_2e、草地 1.06 亿 t CO_2e、湿地 0.45 亿 t CO_2e、收获的木质林产品 1.90 亿 t CO_2e。针对国家林草生态综合监测评价工作，组织专家研究提出满足碳汇量计算需求的调查指标。指导编制最新"中国土地利用、土地利用变化与林业温室气体清单"。持续推进林草碳汇计量监测工作，完善林草碳汇计量方法，优化整合碳汇计量模型，建立健全排放因子数据库，逐步完善获取完整精确的碳库活动水平数据。组织专家开展国家温室气体自愿减排有关涉林草领域项目方法学制修订工作。

二、加强基础研究，强化支撑保障

围绕"林草碳中和愿景实现目标战略研究"，开展林草生态系统碳汇能力提升及对策、林草碳汇计量监测技术与方法集成、林草碳汇产品价值实现机制与路径、碳中和木竹替代可行性等四个方面的政策与技术研究。科学评估森林生态系统增汇潜力，研发关键增汇技术，提出有效增汇措施，助力碳达峰碳中和目标实现。研究木竹替代在碳中和的贡献和潜力，为木竹产业的发展提供技术支撑。编写《中国森林植被碳汇潜力与提升路径研究报告》。开展碳中和背景下森林碳汇形成及经营响应机理、森林经营试点政策机制研究和森林经营模式林建设。制定《林草应对气候变化领域标准体系》，批准筹建国家林业和草原局林草应对气候变化标准化技术委员会。发布《木结构建筑》

《木结构设计标准》等国家标准及行业标准 60 多项，获批《陆地生态系统碳汇核算指南》《森林经营增汇技术规程》《造林增汇技术规程》等碳达峰碳中和国家标准计划 6 项。

三、加强宣传培训，提升知识技能

2022 年举办首届全国林草碳汇高峰论坛，邀请国家发展和改革委员会及生态环境部领导、全国应对气候变化领域知名院士专家、行业科研院所及企业负责人、各省（自治区、直辖市）林草主管部门代表围绕"发挥林草碳汇优势，助力实现双碳目标"主题研讨交流，凝集共识。2023 年举办中关村论坛——林草碳汇国际创新论坛。出版了《林业和草原应对气候变化主要文件汇编》和《林业和草原应对气候变化理论与实践》。配合国家发展和改革委员会出版《碳达峰碳中和干部读本》。组织编制《2022 林业和草原应对气候变化政策与行动白皮书》。依托全国林草科技周等活动积极开展"双碳"科普宣传。与中国气象局共同指导开展"守护行动"碳中和科普活动。

四、积极参与谈判，讲好中国故事

参加联合国气候变化涉林议题的谈判。2021 年，派员参加在英国格拉斯哥举行的第 26 届联合国气候变化大会和第五届联合国环境保护大会。2022 年 2 月，派员参加第五届联合国环境大会第二阶段会议，参与《基于自然的解决方案促进可持续发展》议题谈判。2022 年 6 月，派员赴德国波恩参加《公约》附属机构第 56 次会议、COP 27，完成承担的相关议题任务。组织专家开展国家温室气体自愿减排有关涉林草领域项目方法学制修订工作。

配合生态环境部做好国际履约的相关工作。组织召开专题会议，指导参与国家温室气体清单编制工作，承担"2015—2020 年中国土地利用、土地利用变化与林业温室气体清单"编制任务，配合完成国家信息通报和两年更新报的初稿撰写。提名两位专家出任 IPCC 排放因子数据库编辑委员会成员。

第七章

有待解决的问题：林业在"双碳"进程中的现实差距

虽然我国在森林减排增汇、应对气候变化方面取得了举世瞩目的成就，但与碳达峰碳中和的目标要求相比、与森林生态系统高水平保护和林业高质量发展的要求相比，还存在不小的差距。集中表现为需求侧、供给侧和能力建设方面的差距。通俗地说，目前存在供需两不旺、供给更为滞后的局面。

第一节　市场需求方面存在的问题

一、市场需求空间有待拓展

一是我国主要控排行业尚未纳入碳交易市场，碳配额发放相对充裕，企业履约压力不大，购买碳汇的动力不足。该问题将随着我国碳市场的不断发展而逐步得到解决。二是自愿碳抵销/碳中和尚未成为企业履行社会责任和公众践行绿色发展理念的普遍选择，公益捐赠附加主张碳汇权益条件缺乏先例，国内有效的自愿碳抵销市场尚未形成，企业购买碳汇热情不高，公益捐赠持观望态度。为此，应加快建设国内自愿碳抵销市场，大力宣传领军企业和公民碳中和先锋自愿支持碳汇事业的典型案例，开展捐赠方主张碳汇权益试点。三是固守碳抵销不超过配额 5% 的比例，碳抵销空间受限。事实上，随着碳中和日期的日益临近，碳抵销比例必须逐步提升，2060 年前碳抵销比例必须达到 100% 才能实现碳中和，因此，要有计划地提高履约市场碳抵销比例。

二、碳汇市场空间受到挤压

近期，国际上已将减排量区分为碳避免、碳替代和碳清除。碳避免是指人为活动未产生温室气体净排放；碳替代是指人为活动未产生温室气体净排放，且替代了原有产生温室气体排放的工厂、设备或工艺；碳清除是指人为活动能从大气中清除温室气体，包括捕捉、利用、固存等基于技术的解决方案和植物光合作用吸收基于自然的解决方案，进一步认识到只有碳清除才具有碳抵销功能，建议优先使用碳清除。由于可再生能源本身已经盈利，其减排量相当于没有成本，因此在碳抵销市场上具有价格竞争优势，致使碳信用价格一再降低，对市场价格造成冲击，使碳汇不具有成本有效性。对此，应加大宣传力度，从事物本身的性质和功能出发，使本不具备碳抵销功能的碳避免逐步退出碳抵销市场。

第二节 碳汇供给方面存在的问题

一、碳汇项目开发成本高，影响开发积极性

①盲目开发导致开发失败。社会上把森林碳汇简单地理解成森林的固碳释氧功能，认为一片森林每年能吸收的二氧化碳都能开发为碳汇，有的甚至以为全部森林碳储量都是碳汇，夸大了碳汇项目收益，造成盲目开发。只有超出基准线之上的那部分才是碳汇，而基准线既包括现状，也包括照常经营情况下每年增加的碳储量。对此，要加大宣传力度，严把项目审定关。

②项目开发代理成本高。国有林场多数属于事业单位，农村集体经济组织、森林经营大户和家庭林场也不是企业法人，不符合现行交易机制对项目业主资格的规定。森林经营主体不得不另行设立企业或由其他企业代理，发生不必要的代理费用。应参照福建林业碳汇试点的做法，不限定法人的企业性质，放宽业主资格。

③项目业主自身碳汇开发、计量监测能力不强，求助于咨询公司或其他专业团队要额外支付相关费用。应加大碳汇计量评估师等专业人才培训力度，为项目业主培训相关技术人员。

④碳汇项目计入期长，国有林场领导有可能发生变动，开发碳汇项目意愿不强。应研究将固碳增汇纳入国有林场领导人员任期目标考核范围。

⑤碳汇项目开发没有经费来源，碳汇项目咨询机构采取垫支形式与项目业主合作，再通过碳汇交易收入分成回收投资，垫资压力大，而项目业主还可能面对收益流失的指责。应当为碳汇项目开发设立资金渠道，正常支付给咨询机构服务费。

⑥碳汇项目审定、计量、监测、核证的现代技术研发和应用不足，每吨碳汇量分摊的相关费用过高。应当加强相关技术的研发与推广应用，同时尽

量避免重复研究。

二、集体林碳汇开发难度大，开发动力不足

①业主资格受限。集体林权主体，除经营权流转给社会资本投资主体以外，集体林场、村集体经济组织、农民专业合作社，均不是我国境内注册的企业法人，无法申请温室气体自愿减排项目及减排量备案。

②集体林林权关系复杂。有的农户没有林权证，有的林权证仍存放在当地主管部门。有的林权证所载林权人与林地实际拥有人不符。

③集体林面积期限不符。有的林权证所载面积与实际林地面积不符，多数是登记面积小于实际面积。有的林权证剩余期限少于项目计入期。

④委托手续难办。项目涉及林权委托人众多，且多外出打工，不能及时回乡完成面签或公证委托手续。

⑤集体林碳汇项目收益分配难。各户林地不能保证全部纳入，减排能力也各异，林权边界又无法一一对应，按面积按人头分配收益都难平衡。

⑥开发规模过小。现有已开发项目的面积大多为几万亩或十几万亩，单位减排量开发成本过高，碳汇收益过低。

⑦无力开发又不想开发。村集体和农户既无资金又无人力自行开发碳汇项目，请别的公司出人出钱开发担心失败又怕分成过少吃亏。

⑧缺乏合格资金。实施项目没有资金来源，有资金来源的又不具备额外性。

第三节　碳汇能力建设方面存在的问题

一、《巴黎协定》对《公约》缔约方提出了固碳增汇的要求

当前，应对气候变化国际进程已经进入《巴黎协定》时代，由自上而下的对发达国家强制执行机制转变为自下而上的包括发展中国家在内的国家自主贡献机制。《巴黎协定》第 5 条明确：缔约方应当采取行动酌情维护和加强

《蒙特利尔议定书》未予管制的所有温室气体的汇和库，包括生物质、森林和海洋以及其他陆地、沿海和海洋生态系统。鼓励缔约方采取行动，包括通过基于成果的支付，执行和支持在《公约》下已确定的有关指导和决定中提出的有关以下方面的现有框架：为减少毁林和森林退化造成的排放以及发展中国家养护、可持续管理森林和增强森林碳储量的作用所涉活动采取的政策方法和积极奖励措施；执行和支持替代政策方法，如关于综合和可持续森林管理的联合减缓和适应方法，同时重申酌情奖励与这些方法相关的非碳效益的重要性。

二、碳汇事业发展需要弥补能力建设上的差距

我国在维护和加强碳库和碳汇方面均采取了一些行之有效的措施，如加强国土空间规划和用途管制，建设以国家公园为主体的自然保护地体系，实施重要生态系统重大保护修复工程和山水林田湖草沙系统治理工程，加强防灾减灾能力和灾后恢复重建能力建设，落实林地征用占用植被恢复责任，基于行为的支付机制等，应当继续坚持。同时，在碳汇领域还要积极创新，弥补能力不足的差距。

一是在同等重视保护固碳和经营增汇上有差距。目前，我国森林资源保护力度之大、决心之大、效果之好前所未有，为国家生态环境发生历史性、转折性、全局性变化作出了重要贡献。但在促进资源培育和合理利用方面的决心、力度和效果不如人意，防减有效而促增乏力。从碳汇角度看，剩余造林绿化空间越来越少，难度越来越大，造林增汇的边际效益逐渐下降。要在强化国土空间规划和用途管控，有效发挥森林生态系统的固碳作用，减少和避免碳排放的同时，将工作重心和增汇重点及时转移到加强森林经营上来。而森林经营碳汇项目方法学修改滞后，原有方法学将天然林、公益林和人工商品林中的近成过熟林排除在外，极大地压缩了经营增汇的空间，也不符合森林经营规律和有关法律规定。这种局面必须改变。必须依法编制和严格执行森林经营方案，全面实施森林可持续经营，充分挖掘森林经营增汇潜力。

二是在协调发挥有效市场和有为政府作用上有差距。由于需求不旺、空间受压，自愿碳市场建设滞后，碳市场对碳汇的带动作用有限；政府对资源培育的投入不足，特别是在道路建设、机械装备、良种良法方面投入不足，

加之对资源利用限制过严，非碳效益实现机制不畅，政府对碳汇的推动作用不强。挖掘森林生态系统固碳增汇潜力，既需要充分发挥碳市场配置资源的作用，解决好市场在为谁生产碳汇、谁来生产碳汇、生产多少碳汇方面的决定作用，同时，又需要发挥政府对碳汇供给的保障和支撑作用。今后，要在市场和政府两方面都下功夫，将有效市场和有为政府的作用协调发挥好。另外，目前国际上不承认政策性投入产生的固碳增汇结果的额外性，但政府参与自愿碳市场的方式之一就是政府所属机构可以作为 REDD+减排增汇项目的业主，创设我国自愿碳抵销机制时应允许由政府的政策性投入形成的碳汇成果参与碳抵销。

三是在统筹推进配额清缴和自愿抵销上有差距。当前，我国碳市场空间虽然不小，但受到碳避免的挤压，对碳汇的带动能力不强，而自愿碳抵销尚未形成风气和习惯，需要坚持两手抓，发挥好强制和自愿两种市场机制的作用。既要积极争取将森林碳汇优先纳入全国碳排放权交易市场，提高碳汇在碳市场配额清缴中的占比，又要支持建立基于森林碳汇的自愿抵销机制，引导非重点排放企业、机构单位和社会公众自愿开展碳抵销和碳中和、碳普惠等活动，增强碳市场对碳汇事业的带动作用。

四是在统筹发挥碳汇效益与非碳效益上有差距。在统筹发挥森林的碳汇效益和非碳效益上着力不够。对木质林产品利用替代减排、转移固碳、腾地增汇的有益作用认识不足，编制和执行包含碳汇目标的森林经营方案，及时有效地进行采伐尚未成为常态，项目业主产品处置权受限，阻碍了非碳效益的实现。要充分认识森林"四库"地位和作用同等重要，要加深对森林为什么是最经济的吸碳器和最有效的储碳库的理解和认识，既要发挥好森林的固碳效益，又要发挥好增加林草产品供给等非碳效益。应加大理论阐释和案例宣传，引导项目业主统筹兼顾两种效益。应当认真完善和落实森林经营方案制度，赋予项目业主应有的自主经营权。

五是在力争做到技术可行与经济可行上有差距。当前，在困难立地条件下开展造林和森林经营的成熟技术不多，对这些地区的固碳增汇支撑能力不强，同时，对立地条件差的地区造林和经营政策扶持力度不够，各类经营主体存在着本身不想干、让干不愿干、不知怎么干才好的困惑。国家未来对碳汇的需求量将非常大，实现碳中和目标，需要最大限度地挖掘森林生态系统的潜力。即使有些地区立地条件差一些，森林生长缓慢一些，也要开展造林和森林经营活动，短期应把固碳增汇的着力点放在立地条件好的地区。随着碳中和日期的临近，在立地条件差的地区也要下功夫。技术可行是基础，经济可行是保障。为此，需要推动科技创新和政策创新，使符合国家碳中和目标需求的碳汇开发和技术和经济上均可行，固碳增汇才有牢固的基础。

六是在统筹维护国际全局与国内大局上有差距。尽管国际上对碳清除、碳避免和碳替代之间的重大区别有了新的认识，认为碳清除应优先用于碳抵销，扩大自愿碳市场规模工作组和自愿碳市场诚信委员会在积极开展工作，但目前仍在讨论碳避免是否可以继续用于碳抵销，这对正确看待和充分发挥碳汇的作用十分不利，也不利于从根本上减少"漂绿"行为。因为碳避免是一种零排放，用零排放去抵销真正的排放，在逻辑上是不成立的。国际上对森林碳汇非永久性风险估计过高，缺乏从长期土地利用的角度来观察碳汇的永久性特征，导致碳信用中用于风险准备的缓冲池过大，而且还要从减缓活动产生的碳信用中提取 5% 为适应活动筹集资金，加之受碳避免的冲击，国际碳汇市场价格低迷，使得碳汇的预期收益大打折扣。同时，规定优先购买热带国家、小岛屿国家和最不发达国家的减排量，也不利于激发其他国家挖掘固碳增汇潜力为应对全球气候变化做贡献的积极性。因此要更加关注国际动态，分析国际形势可能对我国碳汇事业产生的影响，积极主动发声，有理有据地提出意见和主张，更加充分地参与应对气候变化全球治理，同时，继续用好联合国气候变化大会这个平台，讲好中国应对气候变化故事。

第八章

碳汇能力巩固提升：林业在"双碳"进程中的战略谋划

习近平总书记在中国共产党第二十次全国代表大会上明确指出，协同推进降碳、减污、扩绿、增长，对积极稳妥推进碳达峰碳中和作出了系统部署，明确要着力提升生态系统碳汇能力。习近平主席连续多年参加首都义务植树活动时强调，森林是水库、钱库、粮库、碳库，这一重要论述赋予林业助力实现国家"双碳"目标新的时代使命。国家林业和草原局坚决贯彻落实习近平总书记重要讲话和指示批示精神，服从服务国家"双碳"战略大局，充分发挥林草碳汇在国家实现碳中和目标中的压舱石作用，会同自然资源部、国家发展和改革委员会、财政部编制印发《生态系统碳汇能力巩固提升实施方案》，全面充分体现了国家战略层面的系统谋划，为推动森林碳汇工作高质量发展提供了基本遵循。

第一节　森林碳汇能力巩固提升的总体思路

一、指导思想

巩固提升森林碳汇能力必须完整、准确、全面贯彻新发展理念，加快构建新发展格局，推动高质量发展，坚持系统观念，坚持节约优先、保护优先、自然恢复为主，强化林地用途管制和森林资源可持续利用，推进山水林田湖草沙一体化保护修复，守住森林生态安全边界，提升森林生态系统的多样性、稳定性、持续性，稳定现有林的固碳功能，充分发挥森林碳库的重要作用，实行自然恢复与人工修复相结合，提升森林碳汇增量，为减缓和适应气候变化，助力碳达峰碳中和目标实现，推动人与自然和谐共生的现代化作出新的更大贡献。

二、基本原则

坚持系统观念和综合治理。践行山水林田湖草沙生命共同体理念，立足森林资源分布格局和森林资源承载能力，统筹森林生态系统的整体性和协同性，通过增强森林生态系统的多样性、稳定性、持续性提升森林碳汇能力。

坚持全面巩固和有效提升。坚持尊重自然、顺应自然、保护自然，推行基于自然的解决方案，坚持一手抓防止毁林和森林退化，巩固森林生态系统固碳能力，一手抓加强森林保护和可持续经营，推进山水林田湖草沙一体化保护修复，提升森林生态系统碳汇增量。

坚持科技支撑和制度保障。遵循森林生态系统固碳增汇机理和演替规律，强化森林碳汇科学研究、技术攻关、标准制定、监测评估，为巩固提升森林碳汇能力提供有力支撑。对实践证明行之有效的技术、标准、方法、模式用法律法规规范下来，为巩固提升森林碳汇能力提供制度保障。

坚持立足国内和放眼国际。建立中央统筹、部门协同、地方联动、社会参与的森林碳汇能力巩固提升机制，积极参与森林碳汇领域国际交流合作，提升我国在碳汇领域的国际影响力。

坚持市场有效和政府有为。强化政府投入保障，健全体现碳汇价值的生态保护补偿机制，推动森林碳汇参与国家自愿减排交易机制和其他自愿交易机制，促进经济反哺生态、城市支援乡村、社会支持林业，推动绿水青山转化为金山银山。

三、行动目标

"十四五"期间，基本摸清我国森林碳储量本底和增汇潜力，初步建立与国际接轨的森林碳汇计量体系，促进森林生态系统保护修复取得明显成效。到 2025 年，实施重要生态系统保护修复工程，森林覆盖率达到 24.1%、城市建成区绿化覆盖率超过 43%，森林年碳汇量稳定在 9 亿 t CO_2e/a 左右，森林碳汇能力稳中有升，为实现碳达峰碳中和目标奠定坚实生态基础。

"十五五"期间，森林碳汇调查监测评估与计量核算体系不断完善，山水林田湖草沙一体化保护修复取得重大进展，森林生态系统的多样性、稳定性、持续性明显提升，森林碳汇技术、标准、市场和政策体系逐步健全，国际影响力持续提高。到 2030 年，森林覆盖率达到 25% 左右，森林年碳汇量稳定在 11 亿 t CO_2e/a 左右，森林碳汇能力持续巩固和提升，为减缓、适应气候变化和实现碳达峰碳中和目标作出更大贡献。

第二节　森林碳汇能力巩固行动

一、规划管制固碳

加强国土空间规划与林地用途管控，稳定森林固碳能力。全面完成全国、省、市、县、乡镇国土空间规划编制并监督实施。划定生态保护红线，统筹布局生态空间，筑牢国土生态安全屏障，建设生物多样性保护网络，切实维护国家生态安全；统筹布局城镇空间，增强城市生态功能，促进城市化地区绿色发展。严控林地占用征用，严把自然保护地、生态保护红线、自然岸线占用关，加强水土流失预防管控，避免森林生态系统由碳汇转为碳源。

二、重点保护固碳

将评估调整后的自然保护地和自然保护地外生态功能极重要、生态极脆弱区域以及具有潜在重要生态价值的森林划入生态保护红线，加强生态保护红线监管，维护生态保护红线内森林碳汇功能的稳定。构建以国家公园为主体的自然保护地体系，制定全国自然保护地体系规划，出台国家公园空间布局方案，完成自然保护地整合优化、统一设置、分级管理、分区管控，有效保护全国重要森林生态系统原真性、完整性、生物多样性和碳汇功能。全面推行林长制，落实天然林和公益林保护责任，保护荒漠植被，重点推进国家沙化土地封禁保护区建设。深化集体林权制度改革，调动天然林和公益林管护内生动力。

三、节约资源固碳

全面提高森林资源利用率，减少资源不当开发带来的碳排放。制定森林资源开发利用限制和禁止目录，实行占用林地总量控制，限制建设项目使用公益林、天然林和单位面积蓄积量高的林地。监督管理沙化土地开发利用。推进绿色矿山建设。在岩溶地区严格控制樵采薪材。改革森林采伐限额和凭证采伐制度，促进森林资源可持续经营和合理利用。

四、防灾减灾固碳

加强重大自然灾害和极端气候事件对森林碳汇能力影响的监测评估、预报预警。构建森林草原防灭火一体化体系，加强森林草原火灾预防和应急处置，最大限度降低火灾带来的碳库损失。提升有害生物防治能力，防控外来物种入侵，实施松材线虫病疫情防控攻坚行动，开展美国白蛾等重大有害生物防治，提升监测预警和检疫救治能力，全力遏制外来有害生物扩散蔓延态势，减少森林病虫害导致的碳库损失。

五、木竹利用固碳

大力宣传木竹产品代替钢铁、水泥、塑料等材料的减排、固碳和增汇作用，拓展木竹产品在建筑、装饰、管道、包装、运输等领域的应用，支持在有条件的地区优先推广木结构建筑。大力发展木竹精深加工，支持木质重组材、木基复合材生产和剩余物综合利用，推进木竹防腐和改性处理，延长木竹产品使用寿命，加强木竹产品回收利用。加快木竹加工业绿色转型。推广清洁生产技术和设备，促进节能减排。加强木竹加工关键技术攻关、标准体系建设和宣传推广。

六、生物能源固碳

制定林业生物质能源专项规划，明确财政补贴、金融支持、税收优惠和消费鼓励政策。支持能源林基地建设，加强能源林培育，增加资源供给。发挥龙头企业引领作用，建设综合生产基地，促进产业集聚，提升生物质能源加工能力。加强国产生物质成套设备研发，提升能源装备制造水平。加强生物质热化学转化及多联产技术攻关，推进林业生物质能源分布式利用。建立利益分享机制，推动生物质能源技术转化应用。

第三节 森林碳汇能力提升行动

一、重大工程增汇

落实《全国重要生态系统保护和修复重大工程总体规划（2021—2035年）》涉林任务，实施青藏高原生态屏障区、黄河重点生态区（含黄土高原生态屏障）、长江重点生态区（含川滇生态屏障）、东北森林带、北方防沙带、南方丘陵山地带、海岸带生态保护和修复涉林项目，以及国家公园等自然保护地建设及野生动植物保护、生态保护和修复支撑体系重大工程专项建设规划涉林任务，全面提升森林生态安全屏障质量，提高森林生态系统质量和稳定性，保护和恢复森林生态系统生物多样性。实施山水林田湖草沙一体化保护和修复工程，从森林生态系统整体性出发，统筹推进系统治理、综合治理、源头治理。

二、主体作用增汇

立足发挥森林生态系统碳汇在陆地生态系统碳汇中的主体作用，落实《国务院办公厅关于科学绿化的指导意见》，实施《全国国土绿化规划纲要（2022—2030年）》，科学开展大规模国土绿化行动，开展科学绿化试点示范省建设，依据国土空间规划，充分考虑水资源时空分布和承载能力，坚持存量增量并重、数量质量统一，国土绿化任务落地上图，实行精细化管理。实施绿化攻坚增汇行动，以宜林荒山荒地荒滩、荒废和受损山体、退化林地等为主开展国土绿化，乔灌草结合、封飞造并举，加强重点区域绿化，开展全民义务植树，扩大森林资源总量。优先使用乡土树种，推进林木种质资源保存库建设，加快良种选育，审（认）定一批国土绿化乡土树种。实施集约经营增汇行动，着力提高森林资源质量，加强天然林保护修复，强化天然中幼林抚育，开展退化次生林修复；对新造幼林地进行封育，加强抚育管护、补植补造，建立完善后期管护制度；强化工业原料林、珍贵树种和大径级用材林培育，建设国家储备林；实施森林质量精准提升工程，重点加强东部、南部地区森林提质增效，加大人工纯林改造力度，培育复层异龄混交林，不断优化森林结构、功能、质量，进一步提升单位面积森林的增汇能力。

三、辅助作用增汇

充分发挥森林在其他生态系统中的重要作用，进一步拓展兴林增汇空间。实施红树林保护修复专项行动计划，建设生态海岸带，完善沿海防护林体系，修复受损退化的红树林，助力提升海洋生态系统碳汇能力。加强退化土地修复治理，因地制宜、因害设防建设农田防护林，加强农林复合经营，助力提升农田生态系统碳汇能力。实施城市生态修复工程，推进森林城市建设，扩大城市绿地面积，完善城市生态系统，助力提升城市碳汇能力。实施《全国防沙治沙规划（2021—2030 年）》，科学开展荒漠化、沙化土地综合治理，加强石漠化综合治理，助力提升荒漠生态系统碳汇能力。以长江上中游、黄河上中游、西南岩溶区等为重点，实施国家水土保持重点工程，加强水土流失治理，助力水利系统提升碳汇能力。实施全国历史遗留废弃矿山生态修复行动计划，加快推进矿山生态修复，助力矿山企业和矿区碳汇能力提升。

第四节　森林碳汇支撑保障行动

一、组织管理兴汇

各地方、各有关部门要把巩固提升生态系统碳汇能力作为碳达峰碳中和的重要内容，在碳达峰碳中和工作领导小组办公室统筹下，协调落实生态系统碳汇能力巩固提升行动重要政策和重点工作。各有关单位要落实职责分工，加强信息共享，共同推进工作。各地要压实工作责任，将碳汇目标和任务落实落地，鼓励因地制宜探索经验、开展实践创新。将巩固和提升森林碳汇能力相关制度规定纳入国土空间规划、国土空间开发保护、自然保护地以及森林、防沙治沙、水土保持等相关法律法规制修订和实施工作之中。各级林草部门要将森林碳汇工作作为林草工作的重中之重，纳入林长制目标责任体系和考核范围。加强与相关部门的合作，积极参与应对气候变化相关立法。整合管理资源，加强统筹协调，提升森林固碳增汇的管理能力和管理水平，确保目标和重点任务如期实现。组织开展好碳汇试点工作，开展森林碳汇能力巩固提升示范基地建设，鼓励有条件的地方先行先试，形成可推广、可应用的示范成果。

二、计量监测鉴汇

2005 年，国家启动了全国林业碳汇计量监测体系建设，逐步建立起符合国际规则的林草碳汇计量监测体系，相继完成了全国碳汇计量监测和五次国家温室气体的林业清单编制依托森林调查监测体系，构建森林碳汇监测核算体系，开展森林碳储量本底调查，推进森林碳汇监测，加强空天地一体化数据监测与共享，科学评估我国森林碳储量本底及变化、增汇潜力和碳源碳汇格局。开展全国—区域—工程区不同尺度森林保护修复碳汇成效监测评估，为科学评价森林碳汇能力、促进森林碳汇交易提供支撑。衔接国际温室气体清单编制技术方法，持续优化 LULUCF 领域碳汇计量体系，完善森林碳汇计量方法体系，完善碳汇计量模型参数和排放因子，持续推进计量监测技术进步，构建与国际接轨，具有中国特色的国家碳汇计量系统，持续开展全国LULUCF 碳汇计量监测，实现森林碳汇可测量、可报告、可核查。建立全国碳汇数据库，精准反映林草碳汇成果，科学评价国家、省、市、县尺度的森林碳汇潜力，不断提升支撑国家温室气体清单编制、碳达峰碳中和行动、林草碳汇交易、碳汇价值核算和价值实现的能力，增强透明度和公信力。

三、碳汇交易活汇

积极配合完善《温室气体自愿减排交易管理办法》等配套制度，深入研究林草碳汇定价制度和自愿减排行为的价格机制，科学评估项目开发交易条件，探索林草碳汇交易试点，丰富林业碳汇产品，稳步推进碳汇交易。鼓励地方研发和交易森林碳汇产品，培育和促进碳汇市场良性发展。研究开展森林碳汇、碳中和产品认证，探索建立森林碳汇认证制度。加强碳汇交易国家战略研究，推动林草碳汇进入全国碳排放权交易市场，提高交易占比，审慎参与国际碳交易。加强碳汇项目开发管理，引导国有林区、国有林场牵头开发，完善利益联结机制，与集体经济组织联合开发。加快建立健全碳汇产权制度，创新碳汇项目产权界定、监测报告、核查审定机制。建立碳汇自愿交易市场，建设碳汇管理信息系统，大力宣传碳汇作为典型的碳清除应优先用于碳抵销。探索碳排放自愿抵销机制，鼓励企业购买碳汇。探索碳普惠机制，倡导重大活动主办方购买碳汇抵销碳排放，鼓励机关、单位、个人购买碳汇消除碳足迹。畅通购买贫困地区碳汇的渠道。规范林草碳汇项目的开发，积极巩固提升林草碳汇的能力，引导林草碳汇产品使用。同时还要防止过热，防止蓄意炒作，伤害林农利益。

四、科技人才强汇

建设好林草碳汇研究院，发挥好林草碳汇研究院专家委员会作用，组织开展林草应对气候变化立法，森林固碳增汇机理、影响因素、发展潜力、发展对策和保障体系研究，开展林业生物质能源和木竹替代减排方法学研究，开展碳汇价值核算及实现途径研究，开展森林增汇减排、木竹替代、林业生物质产品应用、高效固碳树种选育繁育、红树林修复等技术攻关与示范。将森林碳汇能力巩固提升技术作为科技支撑碳达峰碳中和行动方案、碳中和技术发展路线图和相关重点专项的重要技术内容加快研究，为林草服务国家碳达峰碳中和目标提供解决方案。支持林草增汇关键技术和现代智能装备研发和重点实验室、科研基地、定位观测站、创新联盟等平台建设。健全林草碳汇标准和方法学体系，填补灌木林、城市森林、混农林业等方法学空白。加强碳汇领域高层次人才培养和引进，发挥科研院所、大专院校人才优势。强化地方林草碳汇人才队伍建设，围绕林草碳汇重点工作需求和短板，组织开展形式多样的林草碳汇专题培训和知识科普，加强林草碳汇项目开发、计量监测、审定核证、决策咨询等人才培养和技能培训，打破人才瓶颈制约。建立健全培训制度，逐步实现培训工作制度化、常态化。

五、政策扶持促汇

按照中央与地方财政事权和支出责任划分，各级财政积极支持森林碳汇能力巩固和提升。完善重点生态功能区转移支付制度，逐步加大对生态保护红线覆盖比例较高地区的转移支付力度。加大林道建设和现代林业机械装备研发力度。加大政策性贷款和财政贴息支持力度。支持金融机构积极开发适合的金融产品，将碳汇项目及其开发纳入国家气候投融资项目库，将碳汇收益权列入质押品范围，为森林碳汇项目提供资金支持。推动绿色基金、绿色债券、绿色信贷、绿色保险等加大对碳汇项目的投资力度。建立健全体现林草碳汇价值的精准补偿机制。对新建碳汇林和储碳能力显著提高的现有林，探索实行建设用地指标挂钩政策，调动地方政府和社会投资主体参与积极性。

六、社会参与助汇

充分运用新闻、科普、专题报道、培训、新媒体等宣传形式和手段，加快普及林草碳汇知识，全面阐释应对气候变化的重大意义、重大政策和重要举措。及时宣传社会公众参与渠道和参与方式，充分展示我国林草碳汇潜力和发展前景，集中展现生态建设成效及林草对碳中和的贡献，选好先进典型，讲好碳汇故事，引导相关行业、企业和社会公众正确认识和积极参与森林碳汇事业。落实《国务院办公厅关于鼓励和支持社会资本参与生态保护修复的意见》，对市场化程度和碳汇能力较高的森林生态产品，鼓励地方政府采取多种激励方式，吸引社会力量参与森林固碳增汇活动。林草碳汇项目同等享受财政补贴和生态效益补偿政策。促进碳汇上下游、排放企业和碳汇供给方合作。支持捐赠方主张碳汇权益，吸引更多公益资金参与林草碳汇行动。

七、国际合作显汇

认真履行《公约》及《巴黎协定》，响应"联合国生态系统恢复十年"行动计划和《生物多样性公约》等国际公约，积极参与中国气候变化国家信息通报、两年更新报告、双年透明报告、履行自主贡献目标更新与评估、IPCC评估报告中有关森林碳汇内容的编写，建设性参与森林碳汇领域国际交流、磋商和谈判。推动实施"基于自然的解决方案"，推进与欧盟、东盟、中东欧等国家的交流合作，积极参与南南合作、"一带一路"等方面的应对气候变化合作，开展森林碳汇领域多边与双边项目合作，推动实现 2030 年可持续发展目标。深度参与温室气体清单指南等国际规则、标准制定和完善，推广中国森林碳汇理念和实践，提高国际话语权和影响力。

第九章

充满希望的未来：林业在"双碳"进程中的前景预期

作为减缓气候变化的重要举措之一，保护和增强森林碳汇、减少毁林和森林退化造成的碳排放等已被纳入应对气候变化国际议程。中国作出碳达峰碳中和郑重承诺后，森林碳汇再度成为社会关注的热点与"双碳"工作的重点。面向未来，森林碳汇绝不是"杯水车薪"和权宜之计，而是国之重器和长远大计，必将对林业生态保护、森林可持续经营和林业经济发展等产生重要的影响。

第一节　森林碳汇对林业生态保护的预期影响

森林是陆地生态系统的主要构成部分，破坏森林资源，就会损害森林生态环境，影响森林资源的可持续发展。开展林业生态保护，控制森林资源的不合理消耗、保护森林的生物多样性、加强森林灾害防治和灾后恢复等，能够促进植被保护、恢复和生长，进而发挥森林固碳增汇作用，将"绿水青山"有效地转化为"金山银山"。

一、提升森林生态系统的稳定性

通过森林有效地吸收和储存二氧化碳，森林碳汇既能减缓全球气候变暖速度，还能促进生态系统的平衡和稳定，提高其对气候变化的适应能力。此外，森林资源增加，可以更好地减少地表径流，减轻水土流失，也可以更多地净化空气，吸收空气中有害物质。

二、促进生物多样性保护

森林是植物、动物和微生物等众多物种赖以生存的基本环境，是生物多样性的宝库，提供了丰富的生态位和栖息地。造林再造林、森林保护以及可持续经营等活动不但保护和增加了温室气体的汇和库，同时也恢复和保护了物种的生存环境，为各种生物提供生存和繁衍的空间，促进生物多样性保护和生态系统功能优化。

三、改善土壤质量

森林碳汇不仅有助于维持大气碳平衡，还可以增加凋落物生物量。凋落物分解作为森林生态系统核心过程，参与生态系统碳、氮、磷等元素的周转与循环，既通过分解作用释放一部分碳来影响生态系统的碳收支平衡，又通过分解作用归还氮、磷等元素来改善土壤质量和增强土壤有机物含量。土壤有机物增加和土壤质量的改善，增强了森林土壤保水保肥能力，提高了森林生产力和固碳能力。

四、提高公众生态保护意识

通过宣传森林碳汇的重要作用和参与森林碳汇开发项目，可以让公众更加了解森林生态系统的多重价值和多种功能；同时，森林碳汇的推广，还可以让公众了解自己的行为如何影响气候变化和生态环境，增强生态保护意识，更加积极地参与生态保护行动。

总之，森林碳汇对林业生态保护具有显著的影响，不仅有助于应对气候变化，还能促进生态系统的稳定性和生物多样性的保护，巩固人类生存的根基。

第二节　森林碳汇对森林可持续经营的预期影响

森林可持续经营，顾名思义，就是施加于森林以获得森林的可持续性并在这种可持续状态下经营森林以持续地生产人类所需的产品和服务的过程。增强森林碳汇能力是当前森林可持续经营和林业可持续发展的目标之一，对应对气候变化和实现"双碳"目标具有重要意义。森林经营与森林碳汇相辅相成，森林经营是影响森林碳汇的重要因素，体现在碳保护、碳吸收和碳储存等方面，主要通过保护现有森林资源、减少乱砍滥伐、增加森林面积、改善林分疏密等方式维持森林碳储量；明确的森林碳汇提升途径可指导林业可持续经营，高质量经营管理森林，对于保护和维持森林生态功能、保障生态系统完整、维护土地可持续利用等方面起着至关重要的作用。

一、促进森林可持续经营理论的发展

森林可持续经营是为达到一个或多个明确的特定目标的经营过程，这种经营应考虑到在不过度减少其内在价值及未来生产力，和对自然环境和社会环境不产生过度的负面影响的前提下，使期望的林产品和服务得以维持。因此，以增强森林碳汇能力为特定目标，势必要对林业可持续经营框架体系、层次、主要任务、经营要素、资源分类、资源配置原则、评价标准和指标体系等理论进行革新与完善。未来的森林经营理论将更加科学，能够更有效地提升对森林经营活动的认识、指导和评价能力，进而促进森林资源高水平保护、高质量发展和高效率利用。

二、提升营林生产科学技术水平

营林生产科学技术是确保森林可持续经营和林业可持续发展的关键。在提高森林碳汇的效率和质量目标的驱动下，营林科学技术的价值将得到充分体现，先进的科学技术手段将切实得到应用，未来的营林生产将以先进的科学技术为支撑。一是种植结构更加优化。通过对种植结构的优化，选择适合生态环境的优良树种、优化树种混交、合理布局森林等，将使森林的碳吸收能力得到提高。二是林木品质更加优良。借助科学的营林技术手段改良林木品质，也将促进森林碳吸收能力的提高。三是水肥管理模式更趋完善。采用现代化的水肥管理模式，促进林木生长，提高木材质量，从而提高森林的碳吸收能力。四是林火病虫害等防治更加有效。林火和病虫害爆发是森林碳汇功能的重要破坏因素并释放大量温室气体，营林科学技术可以优化树种、年龄、层次结构，增强抵御林火和病虫害的能力，结合林火和病虫害的预防和扑救（除治），从而保护森林生态环境，巩固森林的固碳功能。

三、创新森林经营和林业发展模式

发展森林碳汇事业，不仅要加强森林保护，还要持续开展森林经营，保护固碳、经营增汇、激励促汇的各项措施都将得到加强。一是防减更加有效、促增更加有力。结合当地实际，造林面积会因地制宜得到扩大，生态修复能力得到增强；同时，森林保护更加有效，过度利用将得到更加有效的抵制，多样性、稳定性的森林生态系统得到巩固和加强。二是多功能森林经营模式将得到普及。公众对森林多种功能的认识将进一步升华，森林经营管理者对森林"四库"的功能定位理解得更加到位，统筹发挥森林碳汇等森林多种功能、丰富产品和服务供给成为普遍选择。三是多渠道增收形成强有力的激励机制。政策扶持投入将得到充分回报，扶持力度将进一步加大，碳汇用户提前介入，为森林经营提供资金投入，弥补森林经营资金缺口，公益性资金也关注森林碳汇发展，森林经营的资金得到保障，提供多样化产品和服务能力提到提升，形成多种稳定的增收渠道，森林支撑应对气候变化和社会经济发展的能力将明显增强。

总而言之，增强陆地生态系统的弹性和适应性，更好地应对全球气候变化的挑战，使固碳增汇上升到森林保护和可持续经营的优先位置，成为衡量森林政策优劣的重要标准。从理论、技术到经营管理模式都将迎来崭新的变化。

第三节　森林碳汇对林业经济发展的预期影响

森林不仅具有保护生物多样性、固碳释氧等生态效益，也具有提供林副产品、森林旅游、就业机会等社会经济效益。随着中国经济发展由注重速度向注重质量的转变，绿色低碳经济发展成为焦点，尤其注重提高经济、社会和自然系统之间的耦合协调性。《关于建立健全生态产品价值实现机制的意见》为走出一条生态优先、绿色发展的新路子，加快推动经济社会全面绿色转型指明了方向。

一、经济增长将推动森林碳汇发展

第一，经济增长将提升森林自然资本投资能力。林业的经营、管理及相关的基础设施建设都需要大量资金投入，中国经济持续健康增长使得政府和社会有条件、有能力加大对林业产业的相关投资，从而维持森林自然资本（如森林碳汇）物质存量和服务存量不减。

第二，经济增长将优化林业消费结构和产业结构。经济增长促进技术进步并产生替代效应，促使产业结构、需求结构和地区结构合理改变，使林产品需求结构由资源型消费向生态型消费转变；而林产品需求结构和林业产业结构改变减少了森林资源消耗，增加了森林资源存量，促进了森林碳汇的提升。

第三，经济增长将推动转变林业发展方式。粗放型经济增长对森林生态系统会产生负外部性影响，降低森林资源存量；集约型经济增长对森林生态系统会产生正外部性影响，增加森林资源存量。林业发展方式日趋集约化，有利于国家绿色生态空间的保护和森林资源供给的保障。

二、森林碳汇将助力经济增长

社会将更加深刻地认识到生态美、百姓富是林业改革与发展的两大目标，两者相辅相成，不可偏废。把生态优先片面理解成生态唯一、不在绿色发展上下功夫的认识和行为将得到纠正，国家和社会对林业产业的政策支持和投资参与将更加有效，林业产业将实现更好的发展。

一是增加林业第一产业收益。通过森林碳汇的市场交易，林业经营者可以获得额外的经营收益，这将有利于提高林业整体收益，增加森林资产价值，增强林业的投资吸引力。

二是拓展林业第二产业空间。木竹产品具有低能耗、低污染、低排放、能固碳、可再生的特点。多用木竹产品将更多地替代高能耗、高污染、高排放产品，促进节能降耗，提高经济增长的质量；多用木竹产品将发挥其在林地之外固碳的作用，扩大固碳空间，提升固碳能力；多用木竹产品还可以促进成过熟乔木林和竹林的及时采伐利用，腾出林地营造新林，提升林地整体固碳增汇水平。

三是壮大涉林第三产业。森林碳汇的发展，将产生与碳汇相关的开发、审定、核证服务业务，碳汇还可为金融业创造新的资源依托，丰富绿色金融内涵和领域，将为人们提供更多的就业机会，促进涉林第三产业的发展。

　　四是增强林业行业国际竞争力。为应对气候变化挑战，林业经营者将更加注重发挥林产品低碳节能污染少的生态环保性能，进一步优化林产品结构，同时，能够强化碳汇领域标准引领，促进碳交易机制健康发展，有助于提高林产品贸易国际竞争力，促进林业经济持续健康发展。

　　总体而言，全社会将更深刻地理解森林资源保护、培育和利用三者的关系，以严格保护为基础、以大力培育为重点、以合理利用为目的，统筹森林固碳增汇等生态功能与林产品和森林服务等经济功能，抓住国家经济增长对碳汇有需求又有支持能力的契机，更好地统筹碳汇对国民经济的贡献和对林业自身成长的促进作用，以实际行动创造林业事业的美好未来。

第十章

国内外碳市场：
林业在"双碳"
进程中的市场机制

为积极应对气候变化、贯彻落实"碳达峰碳中和"重大战略，加快践行"绿水青山就是金山银山"重要理念，扩宽"两山"转化和生态价值的途径，促进绿色发展和生态文明建设，本章系统总结和介绍全球碳市场建设情况、中国碳排放权交易市场建设进展。

第一节　全球碳市场建设情况

2005 年 2 月 16 日《议定书》生效后，为了降低减排成本和履行温室气体减排义务，在各种碳基金的推动下，在全球形成了大大小小、复杂多样的碳市场。

一、全球碳市场建设概况

根据国际碳行动伙伴组织（ICAP）发布的《全球碳排放权交易 2023 年报告》，截至 2023 年 3 月，当前全球正在运行的碳市场有 28 个。全球碳市场建设进展见表 10-1。自 2013 年以来，全球实际运行的碳市场数量增加了两倍多，从 13 个增加到 28 个，碳市场体系覆盖的排放量占全球温室气体排放总量的比例也从 8% 跃升到 17%，从 2014 年的不到 40 亿 t 增加到 90 亿 t。

表 10-1　全球碳市场建设进展

地区	碳市场	碳市场建设概况
欧洲和中亚	奥地利	奥地利国家碳市场在 2022 年 10 月启动。该碳市场原定于 2022 年 7 月启动，但作为奥地利政府能源价格减免计划的一部分暂停了 3 个月。到 10 月启动时，覆盖的控排单位必须在专用平台上开设一个注册账户。可延期在 2023 年 2 月 1 日之前注册，不受处罚

续表

地区	碳市场	碳市场建设概况
欧洲和中亚	欧盟	2022 年 12 月，欧盟议会和理事会就欧盟碳市场的重大改革达成协议，加强了其实现欧盟 2030 年 55% 减排目标的雄心。改革包括对现有的碳市场设定更严格的上限，并从 2024 年起逐步纳入航海排放。从 2026 年起，逐步取消部分工业部门的免费配额，同时逐步引入碳边界调整机制。此外，欧盟决定到 2027 年为建筑、道路交通和未被覆盖的工业燃烧排放建立一个新的碳市场，如果能源价格高企，有可能推迟至 2028 年
	德国	2022 年是德国碳市场运行的第二年。根据 2022 年 11 月发布的评估报告，该政策得以成功实施。截至 2022 年 10 月，已有 1700 家燃料供应商和 500 家交易中介开设了注册账户。覆盖 2021 年排放的第一个履约期于 9 月结束，履约率为 98%
	哈萨克斯坦	2022 年 7 月，2022—2025 年国家分配方案获得批准，为 2023 年设定了 1.637 亿 t CO_2e 的配额总量
	黑山	2022 年，黑山碳市场的建设受到政府多次更迭的负面影响，导致年度分配计划的通过出现重大延误。政府在年中成立了一个工作组来推进该国包括碳市场法规在内的气候立法。截至 2023 年 1 月，这项工作仍在进行中，预计将于 2023 年 4 月通过修订后的"碳市场令"和"气候法"
	库页岛（俄罗斯）	2022 年 3 月，《关于在俄罗斯联邦选定的联邦州进行限制温室气体排放试点的联邦法律》获得批准，对萨哈林（库页岛）地区的控排单位引入了强制性排放报告和核查要求，并要求它们遵守履约义务。该法为"配额流通"奠定了法律基础。作为监管温室气体排放的强制性计划，萨哈林岛试点碳市场原定于 9 月启动，但最终总量设定和配额分配方案仍未公布
	瑞士	瑞士排放交易体系引入了市场稳定机制。由于配额大量流通，拍卖量减少了 50%。覆盖 2025—2030 年排放的《二氧化碳法案》修订正在进行中
	土耳其	土耳其举行了第一次气候委员会会议，公共部门、企业以及国际非政府组织参加了会议。气候委员会的建议之一是在 2024 年启动试点碳市场，确保国家碳市场的发展与该国 2053 年的净零排放目标保持一致。这些建议反映在土耳其的 2023—2025 年中期计划中，经总统批准后公布
	乌克兰	乌克兰碳市场的设计过程受到俄乌冲突的严重影响，无法在年内完成碳市场总量和配额分配工具的草案。尽管如此，政府还是在 2023 年初完成利益相关者的咨询过程

续表

地区	碳市场	碳市场建设概况
欧洲和中亚	英国	英国启动了关于碳市场改革的重大磋商，包括如何使长期总量目标与该国的净零目标保持一致，以及扩大覆盖范围等问题。2022 年 8 月发布了从 2023 年开始改革的初步计划，而全面改革计划预计在 2023 年完成
北美地区	加利福尼亚州（美国）	2022 年 12 月，加利福尼亚州空气资源委员会（CARB）理事会通过了该州的 2022 年气候变化行动规划，建立实现加利福尼亚州减排目标的战略。基于 2030 年实现额外减排的目标，CARB 宣布将重新修订所有主要政策，包括该州的碳市场政策。CARB 将在 2023 年年底之前向州立法机构报告可能的政策变更
	加拿大联邦	加拿大所有省份和地区都必须提交 2023—2030 年期间的碳定价体系方案。方案必须满足 2023 年 65 加元（50 美元)/t CO_2e 的强化联邦基准，而且每年增加 15 加元，到 2030 年增加至 170 加元/t CO_2e。2022 年 11 月，加拿大政府宣布已获批准的联邦碳定价"支持"系统将从 2023 年开始启动
	马萨诸塞州（美国）	对"310 CMR 7.74"法规的修订于 2021 年年底结束，在此基础上马萨诸塞州环保部于 2022 年 6 月和 9 月开始拍卖未来年份的配额。在每次拍卖量都接近 40 万个 2023 年配额，相当于 2023 年配额总量的 5%
	纽约州（美国）	2023 年 1 月，纽约气候行动委员会发布了最终行动范围界定规划，提出了一系列政策和行动，以实现该州 2050 年的碳中和目标——包括一项全经济体范围内的限额和投资计划。一旦通过，该体系将涵盖所有排放部门，其总量是可强制执行且不断下降的，2030 年和 2050 年的总量对应于全州的排放限制。州长已指示环境保护部和纽约州能源研究与发展局在 2024 年 1 月之前制定碳市场法规
	北卡罗来纳州（美国）	在 2022 年 7 月的环境管理委员会空气质量委员会会议上，北卡罗来纳州环境质量部提供了有关成为区域温室气体倡议（Regional Greenhouse Gas Initiative，RGGI）参与州的法律法规要求，以及与现有 RGGI 法规的差距等信息。该法规希望覆盖工业单位，以及生物质/生物燃料的排放，这与 RGGI 现有法规不符。北卡罗来纳州环境管理委员会对 RGGI 规则的审议已推迟到 2023 年
	新斯科舍省（加拿大）	到 2023 年，该省的总量与交易体系将被联邦政府于 2022 年 11 月批准的基于产出的碳定价体系（OBPS）取代。总量与交易体系将在 2023 年 12 月的 2022 年履约截止日期之后逐步取消，并计划在 2023 年内再进行两次拍卖，以允许控排单位为其已核实的 2022 年排放量购买配额

续表

地区	碳市场	碳市场建设概况
北美地区	俄勒冈州（美国）	2022 年 3 月，俄勒冈州环境质量部（DEQ）根据气候保护计划规定的排放总量向 18 家燃料供应商发放配额。第一个履约期从 2022 年开始，到 2024 年 12 月结束。2022 年 9 月，DEQ 启动了一个自愿交易平台，并发布了覆盖燃料供应商之间进行配额交易和转让所需的表格
	宾夕法尼亚州（美国）	2022 年 4 月，发布了在宾夕法尼亚州建立碳市场并参与 RGGI 的最终法规。该法规目前正受到几起诉讼的挑战。在法律程序结束之前，宾夕法尼亚州环境保护部不会实施 RGGI 的要求
	魁北克省（加拿大）	2022 年 9 月，魁北克省的碳市场通过了一种新的免费分配方法，将从 2024 年开始实施。如果不进行分配方法的改革，随着工业产出的增长，免费配额占总配额的比例将增加。预计新方法将在 2024—2030 年减少 290 万个免费配额
	区域温室气体倡议（RGGI）	RGGI 各州目前正在进行第三次政策评估。根据 2022 年 11 月发布的政策评估时间表，更新后的规则草案于 2023 年秋季发布，政策评估于 2023 年 12 月结束
	华盛顿州（美国）	经过一年的紧张准备，华盛顿州的总量和投资计划于 2023 年 1 月启动。该碳市场的设计与加利福尼亚州的碳市场非常相似。华盛顿州启动政策制定流程，探索与其他总量控制与交易体系连接的可能性
拉丁美洲和加勒比地区	智利	政府于 2022 年 8 月发布了 2022—2026 年能源议程。它指出，将建设一个能源部门试点碳市场，以评估该工具在低成本实现减排和公正转型方面的作用
	哥伦比亚	2021 年 12 月生效的《气候行动法》设定了到 2030 年全面实施 ETS 的目标。该法案还任命了一个独立的专家组以提出在哥伦比亚建设碳市场的政策建议。环境部和财政部将考虑这些建议
	墨西哥	墨西哥的碳市场于 2022 年 1 月进入正式实施阶段。环境和自然资源部预计将在 2023 年上半年发布碳市场实施阶段的规定
非洲地区	尼日利亚	2022 年 8 月，尼日利亚环境部部长宣布该国已开始建设国家碳交易体系。2021 年 11 月成立的国家气候变化委员会负责具体建设。时间表和覆盖范围等关键设计要素仍有待确定。在确定配额分配等制度前，相关草案将经过利益相关者的磋商讨论
亚太地区	中国	根据第一个履约期的经验，生态环境部于 2022 年 3 月更新了 MRV 指南以提高数据质量。2022 年 11 月，生态环境部发布了 2021 年和 2022 年的分配计划草案以征求公众意见，明显收紧了燃煤电厂的基准值

地区	碳市场	碳市场建设概况
亚太地区	中国地方试点	所有中国区域碳市场继续交易和履约。除了常规活动外,北京、重庆、广东、上海、深圳和天津还发布或更新了相关碳普惠制度,以激励个人或小规模的温室气体减排项目。这些项目产生的减排量将可用于这些碳市场的履约
	印度	印度政府采取措施建立全国碳市场。能源效率局的草案建议分阶段引入两种机制:由国内基于项目的抵销计划支持的自愿市场和控排单位强制参与的履约市场。自愿市场预计将于 2023 年 7 月启动,随后将启动履约市场
	印度尼西亚	2022 年 10 月,环境和林业部发布了即将实施的国家碳市场的实施条例,其中详细说明了碳抵销、行业路线图、MRV 程序和制度安排。行业具体规则正在制定中。2023 年 1 月,能源和矿产资源部宣布,最初定于 2022 年开始的基于强度的电力行业强制性 ETS 将于 2 月启动,涵盖 99 家燃煤电厂
	日本	2022 年 2 月,政府宣布即将成立绿色转型联盟,这是一个面向公司的基于强度的交易市场,预计将于 2023 年全面启动。这个新市场将在现有的 JCM 和 J-Credit 基础上建立。虽然参加绿色转型联盟是自愿的,但一旦正式参加,就必须履约。2023 年 2 月,内阁通过了绿色转型联盟基本计划,这是一个为期 10 年的路线图,包括从 2026 年开始转向强制性全国碳市场的初步安排
	马来西亚	自然资源、环境和气候变化部将根据第 12 个马来西亚计划进行研究,为国内碳市场制定政策和设计框架。该研究包括碳市场设计框架、注册簿和与国际标准的一致性等内容,预计将于 2023 年开始
	新西兰	经过前几年的重大改革,新西兰政府继续对碳市场进行渐进式改进。2023 年开始在林业部门生效的变化包括转向平均核算和新的"永久性森林"类别。政府还决定收紧工业配额分配。后续将继续就市场监管的改进以及农业生物碳排放的碳定价机制进行磋商
	韩国	2022 年 11 月,政府宣布了对 K-ETS 的几项变更。其中包括:通过向最高效的控排单位发放更多免费配额,以激励减排和低碳投资;通过向更多金融公司开放碳市场并提高配额持有限额来鼓励交易并降低价格波动;促进国际抵销信用转换为韩国信用单位;加强 MRV;增加对小型企业和新增企业的支持
	泰国	泰国自愿碳市场试点项目(T-VETS)扩大至泰国重点工业区——东部经济走廊地区。2022 年初,政府还发布了碳减排量交易规则和指南,随后于 9 月推出了碳减排量交易平台 FTIX

续表

地区	碳市场	碳市场建设概况
亚太地区	越南	2022 年 7 月，越南承诺到 2050 年实现温室气体净零排放，中期目标是到 2030 年低于 BAU 水平的 43.5%。该决定遵循"06/2022/ND–CP 号法令"，其中概述了实施碳市场的路线图，其总量与越南的国家自主贡献相对应。试点碳市场预计将于 2026 年启动，并在 2028 年全面实施

资料来源：国际碳行动伙伴组织（ICAP）《全球碳市场进展 2023 年报告》。

二、全球碳市场分类

国际上原来的碳市场主要基于《议定书》联合履约（JI）、清洁发展机制（CDM）和排放贸易（ET）三种灵活机制建立的，但并不局限于《议定书》形成的碳市场。新西兰、中国地方试点等通过国内立法建立的国内碳交易市场，也是全球碳市场的重要组成部分。现在和未来的碳市场主要基于《巴黎协议》，可以分为"巴黎协议"碳市场和"非巴黎协议"碳市场。另外，在一些国家非政府组织和环保团体的推动下，还建立了以履行社会责任为目标的自愿减排交易市场，如位于美国的自愿减排会员制电子交易碳市场（cbl）、国际核证碳减排标准（VCS）项目市场。全球碳市场的结构和内容呈现多层次、多种类的特点，全球碳市场分类见图 10-1。

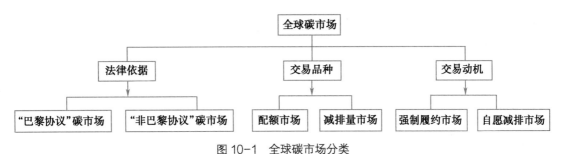

图 10-1　全球碳市场分类

第二节　中国碳市场建设进展

建立碳排放权交易市场（碳市场），是我国利用市场机制控制温室气体排放的重大举措，也是深化生态文明体制改革的迫切需要。建立碳排放权交易市场是党中央、国务院经慎重研究作出的重要决策。2011 年 10 月，我国启动了碳排放权交易试点。2012 年 6 月 13 日，国家发展和改革委员会印发《温室气体自愿减排交易管理暂行办法》，2017 年 3 月 15 日全国温室气体自愿减排交易机制暂停。2017 年 12 月 19 日，全国碳排放权交易市场建设正式启动。2021 年 7 月，全国碳排放权交易市场上线交易正式启动。2023 年 11 月，全国温室气体自愿减排交易市场重新启动运行。

一、我国碳排放权交易试点进展

碳排放权交易是控制温室气体排放的市场手段，通过为纳入体系的重点排放单位设立总的排放上限（配额总量），要求其上缴与温室气体排放量相应的配额，并允许不同单位之间进行配额交易，从而让市场自主配置温室气体排放资源，能够以比较低的社会总成本实现温室气体排放控制目标。我国 8 个区域试点碳市场的基本情况见表 10-2。

据生态环境部发布，截至 2020 年 8 月，中国试点碳市场已成为全球配额成交量规模第二的碳市场。7 个试点碳市场从 2013 年陆续启动运行以来，逐步发展壮大。初步统计，截至 2020 年 8 月末，共有 2837 家重点排放单位、1082 家非履约机构和 11169 个自然人参与试点碳市场，7 个试点碳市场配额累计成交量为 4.06 亿 t，累计成交额约为 92.8 亿元。截至 2023 年 8 月，我国 7 省（自治区、直辖市）实施碳排放权交易试点近 10 年来，累计成交额达到 152.63 亿元。

截至 2021 年 11 月［2017 年 3 月暂停中国核证自愿减排量（以下简称 CCER）项目备案事宜］，我国已累计备案 1315 个自愿减排项目，涵盖能源工业、废物处置、农业、交通运输、造林等多领域。国家温室气体自愿减排注册登记管理机构已累计为 9 个地方碳市场省级主管部门、交易机构开立了管理账户，为 370 多个项目业主开立了项目账户并录入国家核证自愿减排量超过 7000 万 t CO_2e。据统计，地方碳市场已累计使用超过 2600 万 t CCER 用于试点履约抵销，公益自愿注销 CCER 超过 100 万 t。据统计，截至 2023 年 6 月，全国累计成交 CCER 现货量约 4.5 亿 t，成交额约 63 亿元，均价 14 元/t。

表10-2 全国8个区域试点碳市场基本情况

地方试点		北京	天津	上海	重庆	湖北	广东	深圳	福建
地方政策法规	政策法规体系	市人大决定(2013—12), 碳交易管理办法(2014—5)	碳交易管理办法(2013—11)	碳交易管理办法(2013—11)	市人大决定草案(2014—4), 碳交易管理办法(2014—5)	碳交易管理办法(2014—4)	碳交易管理办法(2014—1)	市人大决定(2012—10), 碳交易管理暂行办法(2014—3)	福建省碳排放权交易管理暂行办法(2016—9)
	性质	地方法规政府规章	部门文件	政府规章	地方法规政府规章	政府规章	政府规章	地方法规政府规章	政府规章
总量与覆盖范围	配额总量	约0.5亿t, 40%	约1.6亿t, 50%~60%	约1.5亿t, 40%	约1.3亿t, 40%	约2.81亿t, 44%	3.88亿t, 8%(2013); 4.08亿t, 50%(2014) 3.86亿t, 50%(2015)	约0.3亿t, 40%	约2亿t, 80%
	行业机构	电力热力、水泥、石化、其他工业企业、服务业,415家企业,109家机构(2015年新增430家企业及26家内蒙古企业)	钢铁、化工、电力热力、石化、油气开采等五大重点排放行业,109家企业	钢铁、建材、电力、有色、石化及航空、机场、港口、铁路等非工业企业,210家企业	电力、冶金、化工、建材等多个行业,254家企业	电力、钢铁、水泥、化工等12个行业,207家企业	电力、钢铁、石化和水泥,242家企业(2013)	能源生产、加工行业和工业制造26个行业+大型公建,635家+200栋	石化、化工、建材、钢铁、有色、造纸、电力、航空、陶瓷等九大行业255家重点排放单位(后增至277家)
总量与覆盖范围	门槛	控排单位5000(含)tC(2009—2012)	工业2万tC, 非工业1万tC(2010—2011)		2万tC(2008—2012)	6万t标煤(2010—2011)	2万tC(2011—2012)	工业3000tC, 政府机关及大型公建1万m²	1万t标煤(2013—2016)

续表

地方试点		北京	天津	上海	重庆	湖北	广东	深圳	福建
配额分配	无偿分配	逐年分配	逐年分配	一次分配三年	逐年分配	逐年分配	逐年分配	逐年分配	逐年分配
	方法	历史法和基准线法	历史法和基准线法	历史法和基准线法	总量控制与竞争博弈结合	历史法、标杆法	历史法和基准线法	制造：竞争博弈	分行业采用基准线法、历史强度法
	有偿分配	预留年度配额总量的5%用于定期拍临时拍卖	市场价格出现较大波动时	适时推行拍卖等有偿方式，履约期曾曾拍卖	暂无	预留30%配额拍卖，开市前曾拍卖	企业配额的3%有偿获得，每季1次竞价发放	年度配额总量的3%履约期曾拍卖	暂无
MRV制度	行业指南	6个行业排放核算和报告指南	5个行业核算指南和报告指南	9个行业核算和报告指南	工业企业核算和报告指南	11个行业核算和报告指南和核查指南	4个行业报告和核查指南	组织温室气体量化和报告指南、核查指南	暂无
	核查机构	26家	7家	10家	11家	8家	29家	28家	28家
	报送系统	电子	纸质	电子	电子	电子	电子	电子	电子
交易制度	交易平台	北京环境交易所	天津排放权交易所	上海环境能源交易所	重庆碳排放交易中心	湖北碳排放权交易中心	广州碳排放权交易中心	深圳排放权交易所	海峡股权交易中心

续表

地方试点		北京	天津	上海	重庆	湖北	广东	深圳	福建
交易制度	交易主体	控排企业单位、个人、机构	控排企业、个人和机构	控排企业单位、机构	控排企业单位、个人和机构	控排企业单位、个人和机构	控排企业单位、个人和机构	控排企业、国内外机构和个人	重点排放单位、公民、法人、机构
	交易方式	公开交易和协议转让	网络现货交易、协议交易、拍卖	挂牌交易和协议转让	定价交易和协议转让	协商议价、定价转让	单双向竞价、点选、协议转让	现货交易、电子竞价、大宗交易	公开竞价、协议转让或其他合规方式
	涨跌限制	公开交易：20%	10%	30%	20%	10%（自2016年7月，跌幅调整为1%）	10%（挂牌）	10%（大宗30%）	10%（挂牌）
	交易产品	BEA、CCER、林业碳汇与节能项目碳减排量	TJEA、CCER	SHEA、CCER	CQEA、CCER	HBEA、CCER	GDEA、CCER	SZA、CCER	FJEA、CCER、FFCER
抵销制度	比例限制	不高于年年度配额的5%	不超出当年实际排放10%	不超过年度分配配额量的5%	不超过审定排放量的8%	不超过年排放初始配额10%	不超过上年实际排放的10%	不高于年年度排放的10%	不超过当年经确认排放量的10%
	地域限制	京外项目不超过2.5%	未限定	未限定	未限定	本地	本地70%以上	无地理限制（林业碳汇、农业减排项目）及其他有地理限制的项目	本地

续表

地方试点		北京	天津	上海	重庆	湖北	广东	深圳	福建
抵销制度	类型限制	2013年1月1日后，非水电、HFCs, PFCs, N$_2$O, SF$_6$等工业气体水电项目，此后签约的EMC项目或此后启动的节能技改项目；本市2005年2月16日后的造林和森林经营碳汇项目	2013年1月1日后，非水电项目；本市及其他能使用在本市碳交易试点省市纳入企业排放边界范围内的核证自愿减排量不得用于碳排放量抵销	2013年1月1日后产生，不能使用在其他身排放边界范围内的CCER	2010年12月31日后投运（碳汇除外）的节能、能效、清洁能源和非水可再生能源、能源活动、工业生产过程、农业废弃物处理等减排项目	监测期为2015年内的减排量，需来自本省（碳汇除外）但纳入配额管理企业的除外；本省连片特困地区的农林项目	非水电及非化石能源发电、供热和余能利用项目，非二类项目，CO$_2$和CH$_4$减排量占所有温室气体减排量50%以上的项目	可再生能源和新能源、清洁交通、海洋固碳减排、林业碳汇、农业减排等项目，深圳市企业在全国投资开发的减排项目均可履约	CCER来自非重点排放单位；仅来自CO$_2$, CH$_4$气体的项目减排量；林业FFCER，2005年2月16日后产生
遵约制度	排放报告	3月20日	4月30日	3月31日	2月20日	2月最后工作日	3月15日	3月31日	2月28日
	核查报告	深圳本市企业在全国投资开发的减排项目均可在本市进行履约，不受项目类型和地区的限制	4月30日	4月30日	暂无	4月最后工作日	4月30日	4月30日	4月30日
	遵约日	6月15日	6月30日	6月1日—30日	6月20日	6月最后工作日	6月20日	6月30日	6月30日

续表

地方试点		北京	天津	上海	重庆	湖北	广东	深圳	福建
遵约制度	违约处罚	市场均价3~5倍罚款	限期改正，3年不享受优惠政策	5万~10万元	清缴期届满前一个月配额平均价格3倍	15万元内市场均价1~3倍罚款，下年双倍扣除	下年双倍扣除，罚款5万元	下年扣除，市场均价3倍罚款	1~3倍罚款，但罚款不超过3万元；下年双倍扣除
	其他处罚	未报送排放报告、核查报告或核查报告不合格，5万元以下罚款	限期改正	记入信用记录并通报公布，取消专项资金	未报告核查2万~5万元罚款，虚假核查3万~5万元罚款	未监测报告罚1万~3万元，扰乱交易秩序罚15万元	不报告1万~3万元，不核查1万~3万元，最高5万元	违规5万~10万元罚款	报告、核查不合格，逾期未改正的，处1万~3万元罚款

说明：1. 梅州、河源、湛江、汕尾、新疆、西藏、青海、宁夏、内蒙古、包头、甘肃、陕西、湖南、四川、贵州、江西、安徽、广西、云南、福建、海南、淮安（风力发电、太阳能发电、垃圾焚烧发电项目）；深圳、包头、淮安（农村户用沼气、生物质发电、清洁交通减排、海洋固碳减排项目）。2. 根据《关于进一步做好碳排放权交易试点有关工作的通知》，2015年北京市市场相关企业要求于2月28日前上报碳排放报告，并于3月20日前向北京市发改委报送加盖第三方核查机构公章的核查报告。3. 福建试点碳市场相关信息按福建省相关政策和规定整理而成。

二、全国碳排放权交易市场建设进展

国家气候变化主管部门积极推动全国碳市场体系运行所需的各项建设工作，并取得了重大进展或者完成了相关工作。全国碳排放权交易体系于 2017 年 12 月 19 日正式启动建设，兑现了我国对国际社会的承诺。

国家气候变化主管部门分阶段、分步骤地推进碳市场建设。包括：一是相关法规制度的建设，加快推动《碳排放权交易管理暂行条例》和相关配套制度的出台，并且于 2019 年 3 月 29 日发布《碳排放权交易管理暂行条例（征求意见稿）》，2020 年 12 月 31 日生态环境部发布《碳排放权交易管理办法（试行）》（生态环境部令第 19 号公布，自 2021 年 2 月 1 日起施行）；二是推动相关基础设施建设；三是进一步做好重点排放单位碳排放报告、核查和配额管理工作；四是进一步强化能力建设。进一步加大相关工作力度，实现整个碳排放权交易市场的上线交易，充分发挥碳市场对减排温室气体、降低全社会减排成本的作用。

经过 3 年多的建设，于 2021 年 7 月 16 日在上海全国碳排放权交易市场上线交易正式启动。至今，已稳定运行 2 年多。2023 年 9 月 22 日，全国碳市场综合价格行情为：开盘价 74.35 元/t，最高价 75.57 元/t，最低价 74.33 元/t，收盘价 75.34 元/t。截至 9 月 22 日，全国碳市场碳排放配额累计成交量超过 2.8 亿 t，累计成交额超过 137 亿元。

三、全国碳排放权交易市场建设方案要点

2017 年 12 月 19 日，经国务院同意，国家气候变化主管部门国家发展和改革委员会印发了《全国碳排放权交易市场建设方案（电力行业）》。这标志着全国碳排放交易体系完成了总体设计，并正式启动，意义十分重大。

（一）总体要求

充分发挥市场机制对控制温室气体排放的作用，稳步推进建立全国统一的碳市场，为我国有效控制和逐步减少碳排放，推动绿色低碳发展作出新贡献。

（二）核心目的

坚持将碳市场作为控制温室气体排放政策工具的工作定位，切实防范金融等

方面的风险。为温室气体减排服务，通过市场机制，实现温室气体减排的目的。

（三）主要建设内容

一部法律：《碳排放权交易管理条例》。国家先出台《碳排放权交易管理暂行条例》，然后按程序出台《碳排放权交易管理条例》。

三项主要制度：碳排放监测、报告与核查制度，重点排放单位配额管理制度，市场交易相关制度。

四个支撑系统：碳排放的数据报送系统、碳排放权注册登记系统、碳排放权交易系统和碳排放权交易结算系统。

（四）建设三阶段

分基础建设期、模拟运行期和深化完善期三个阶段，稳步推进全国碳市场建设工作。

一是基础建设期（2018 年）。用 1 年左右的时间，完成全国统一的数据报送系统、注册登记系统和交易系统建设。深入开展能力建设，提升各类主体参与能力和管理水平。开展碳市场管理制度建设。

二是模拟运行期（2019 年）。用 1 年左右的时间，开展发电行业配额模拟交易，全面检验市场各要素环节的有效性和可靠性，强化市场风险预警与防控机制，完善碳市场管理制度和支撑体系。

三是深化完善期（2020 年）。在发电行业交易主体间开展配额现货交易。交易仅以履约（履行减排义务）为目的，履约部分的配额予以注销，剩余配额可跨履约期转让、交易。在发电行业碳市场稳定运行的前提下，逐步扩大市场覆盖范围，丰富交易品种和交易方式。创造条件，尽早将国家核证自愿减排量纳入全国碳市场。

第三节　全国温室气体自愿减排交易市场建设

2012 年 6 月 13 日，国家发展和改革委员会以发改气候〔2012〕1668 号文件印发《温室气体自愿减排交易管理暂行办法》。首次提出对温室气体自愿减排交易采取备案管理制度，明确将备案的减排量称作 CCER。2015 年自愿减排项目 CCER 正式启动交易，于 2017 年 3 月国家发展和改革委员会发布公告暂停 CCER 项目和减排量备案申请。为规范全国温室气体自愿减排交易及相关活动，生态环境部、国家市场监督管理总局于 2023 年 10 月 19 日联合发布了《温室气体自愿减排交易管理办法（试行）》（生态环境部令第 31 号），（以下简称《办法》）。同年 10 月 24 日，生态环境部发布了第一批 4 个《温室气体自愿减排项目方法学》，包括造林碳汇、红树林营造、并网海上风力发电、并网光热发电等 4 类项目。全国统一的注册登记系统和交易系统已完成建设和调试。在此背景下，2023 年 11 月，全国温室气体自愿减排交易市场重新启动运行。

一、《温室气体自愿减排交易管理办法（试行）》要点

温室气体自愿减排交易是通过市场机制控制和减少温室气体排放，推动实现碳达峰碳中和目标的重要制度创新。全国温室气体自愿减排交易市场与全国碳排放权交易市场共同组成我国碳交易体系。自愿减排交易市场启动后，各类社会主体可以按照相关规定，自主自愿开发温室气体减排项目，项目减排效果经过科学方法量化核证并申请完成登记后，可在市场出售，以获取相应的减排贡献收益。启动自愿减排交易市场有利于支持林业碳汇、可再生能源、甲烷减排、节能增效等项目发展，有利于激励更广泛的行业、企业和社会各界参与温室气体减排行动，对推动经济社会绿色低碳转型，实现高质量发展具有积极意义。

《办法》是保障全国温室气体自愿减排交易市场有序运行的基础性制度。《办法》共 8 章 51 条，对自愿减排交易及其相关活动的各环节做出规定，明确了项目业主、审定与核查机构、注册登记机构、交易机构等各方权利、义务和法律责任，以及各级生态环境主管部门和市场监督管理部门的管理责任。

《办法》坚持以下基本原则：一是信息公开，强化监督，及时、准确披露项目和减排量信息。二是统筹协调，统一管理，建立生态环境主管部门和市场监管部门共同开展事前事中事后联合监管的新模式。三是夯实基础，循序渐进，逐步扩大自愿减排市场支持领域。四是立足国内，对接国际，更好推动实现碳达峰碳中和目标。

按照《办法》要求，申请登记的温室气体自愿减排项目应当具备下列条件：a.具备真实性、唯一性和额外性；b.属于生态环境部发布的项目方法学支

持领域；c.于 2012 年 11 月 8 日之后开工建设；d.符合生态环境部规定的其他条件。属于法律法规、国家政策规定有温室气体减排义务的项目，或者纳入全国和地方碳排放权交易市场配额管理的项目，不得申请温室气体自愿减排项目登记。

按照《办法》要求，经注册登记机构登记的温室气体自愿减排项目可以申请项目减排量登记。申请登记的项目减排量应当可测量、可追溯、可核查，并具备下列条件：a.符合保守性原则；b.符合生态环境部发布的项目方法学；c.产生于 2020 年 9 月 22 日之后；d.在可申请项目减排量登记的时间期限内；e.符合生态环境部规定的其他条件。项目业主可以分期申请项目减排量登记。每期申请登记的项目减排量的产生时间应当在其申请登记之日前 5 年以内。

二、全国温室气体自愿减排交易市场建设新进展

全国温室气体自愿减排交易市场是继全国碳排放权交易市场后，我国推出的又一个助力实现碳达峰碳中和目标的重要政策工具，两个市场互为补充，共同组成我国完整的碳交易体系。全国温室气体自愿减排交易市场建设是一项非常复杂的系统工程。生态环境部积极稳妥推进自愿减排交易市场各项基础工作。

一是构建了基本制度框架。生态环境部会同国家市场监督管理总局印发了《温室气体自愿减排交易管理办法（试行）》，建立保障全国温室气体自愿减排交易市场有序运行的基础性制度，突出"自愿"属性，强化项目业主和第三方审定与核查机构主体责任，按照"能公开、尽公开"的原则，要求各市场参与主体及时、准确披露项目和减排量信息，全面接受社会监督。

二是明确市场优先支持领域。生态环境部从社会期待高、技术争议小、数据质量有保障、社会和生态效益兼具的领域起步，首批发布了造林碳汇、并网光热发电、并网海上风力发电、红树林营造等 4 项项目方法学，这是自愿减排项目设计、实施、审定和减排量核算核查的主要依据。下一步还将分批择优发布自愿减排项目方法学，逐步扩大市场支持范围。

三是搭建完成全国统一的注册登记和交易系统。生态环境部已组织建成了全国温室气体自愿减排注册登记系统和交易系统，将于近期上线运行，为温室气体自愿减排项目和减排量提供登记、交易等服务，保障市场安全、稳定、有效运行。

三、全国温室气体自愿减排交易市场建设新安排

为进一步规范全国温室气体自愿减排交易市场的登记、交易和结算活动，做好全国温室气体自愿减排交易市场与全国碳排放权交易市场的衔接工作，根据《碳排放权交易管理办法（试行）》和《温室气体自愿减排交易管理办法（试行）》，生态环境部就有关事项做出了如下安排。

①全国温室气体自愿减排注册登记机构成立前，由国家应对气候变化战略研究和国际合作中心承担温室气体自愿减排项目和减排量的登记、注销等工作，负责全国温室气体自愿减排注册登记系统的运行和管理。

②全国温室气体自愿减排交易机构成立前，由北京绿色交易所有限公司提供核证自愿减排量的集中统一交易与结算服务，负责全国温室气体自愿减排交易系统的运行和管理。

③2017 年 3 月 14 日前已获得国家应对气候变化主管部门备案的核证自愿减排量，可于 2024 年 12 月 31 日前用于全国碳排放权交易市场抵销碳排放配额清缴，2025 年 1 月 1 日起不再用于全国碳排放权交易市场抵销碳排放配额清缴。

第十一章

碳汇开发交易：林业在"双碳"进程中的供给方式

开展林业碳汇项目开发与碳汇交易，是一项政策性和专业技术性很强的工作，需要项目参与方依据国家的相关政策法规以及有关减排机制和碳汇项目方法学规则，有序开展。根据国家气候变化主管部门发布的政策法规和方法学，本章归纳总结和扼要介绍了 CCER 林业碳汇项目开发与交易的基本要素、碳汇项目方法学的要点、CCER 林业碳汇项目开发与交易的主要程序，以供关注林业碳汇项目开发和交易的业主和各界人士参考。

第一节　CCER 林业碳汇项目开发与交易基本要素

本节将对 CCER 林业碳汇项目开发的政策法规依据、方法学标准、项目相关参与方、项目开发基本条件等进行总结和介绍。如果今后国家主管部门对现有施行的国家相关政策规则进行更新，应按新的政策规则执行。

一、政策法规依据

CCER 林业碳汇项目开发与交易，需要遵循国家和地方有关碳交易的政策法规和标准进行。国家有关政策法规主要有：《碳排放权交易管理办法（试行）》（生态环境部令第 19 号公布，自 2021 年 2 月 1 日起施行），《全国碳排放权交易市场建设（电力行业）》（国家发展和改革委员会，发改气候规〔2017〕2191 号），《温室气体自愿减排交易管理办法（试行）》（生态环境部令第 31 号公布，自 2023 年 10 月 19 日起生效施行），以及今后国家主管部门发布的有关政策法规。

二、方法学标准

方法学，是指确定特定领域温室气体自愿减排项目基准线、论证额外性、核算项目减排量等所依据的技术规范。《温室气体自愿减排交易管理办法（试行）》规定，生态环境部负责组织制定并发布温室气体自愿减排项目方法学等技术规范，作为相关领域自愿减排项目审定、实施与减排量核算、核查的依据。项目方法学应当规定适用条件、减排量核算方法、监测方法、项目审定与减排量核查要求等内容，并明确可申请项目减排量登记的时间期限。

2023 年 10 月，生态环境部首批 4 项温室气体自愿减排项目方法学（包括造林碳汇、红树林营造、并网海上风力发电、并网光热发电等方法学），其中有 2 项林业碳汇项目方法学，分别是《温室气体自愿减排项目方法学 造林碳汇（CCER—14—001—V01）》《温室气体自愿减排项目方法学 红树林营造（CCER—14—002—V01）》。今后生态环境部将根据需要组织制定并发布其他林业碳汇项目方法学。

在策划和开发林业碳汇项目时，需要按照生态环境部发布的 CCER 碳汇项目方法学进行开发，这样的项目才有可能获得国家主管部门登记注册。

除了遵循方法学规定外，在项目设计时还需遵循有关林业管理规范和技术标准，例如 GB/T 15776《造林技术规程》、GB/T 1578《森林抚育规程》、HY/T 081《红树林生态监测技术规程》等。

三、项目相关参与方

林业碳汇项目参与方主要有项目业主、咨询机构、利益相关方、审定与核查机构（又称审定与核证机构或 VVB）、管理机构等。

项目业主：根据国家有关规定，CCER 林业碳汇项目的业主（申报单位）需要是中国境内注册的企业法人或者其他组织。与之前的相关管理办法规定的项目业主须为中国境内注册的企业法人相比，更为灵活。

咨询机构：为林业碳汇项目开发提供技术咨询服务的机构，如科研院所、技术咨询公司。这是推动林业碳汇项目开发与交易的重要力量。

利益相关方：项目区周边群众等。

审定与核查机构：经过国家市场监督管理总局会同生态环境部批准的林业碳汇项目审定与核查机构。与之前的相关管理办法规定的审定与核证机构由国家主管部门审核备案相比，更加严格。

管理机构：主要是各级气候变化、市场监督管理、林草等主管部门。

四、项目开发的基本条件

根据国家相关政策规则和方法学规定，CCER 林业碳汇项目开发的基本条件如下。

（一）项目资格条件

符合项目资格条件的项目，应当具备下列条件：a.具备真实性、唯一性和额外性；b.属于生态环境部发布的项目方法学支持领域；c.于 2012 年 11 月 8 日之后开工建设；d.符合生态环境部规定的其他条件。

属于法律法规、国家政策规定有温室气体减排义务的项目，或者纳入全国和地方碳排放权交易市场配额管理的项目，不得申请温室气体自愿减排项目登记。

（二）项目业主资格

中华人民共和国境内依法成立的法人和其他组织（项目业主）。项目业主，通常包括中国境内依法成立的企业法人、事业单位法人或者社会团体法人。

（三）方法学要求

属于生态环境部发布的项目方法学支持领域。即，具有生态环境部制定并发布的 CCER 林业碳汇项目方法学。

（四）项目土地要求

满足 CCER 林业碳汇项目方法学对土地合格性的要求。

（五）真实性、唯一性和额外性要求

项目具备真实性、唯一性和额外性。唯一性，是指项目未参与其他温室气体减排交易机制，不存在项目重复认定或者减排量重复计算的情形。项目的额外性，需要按方法学规定的程序和方法进行额外性论证。

第二节　碳汇项目方法学的要点

目前，生态环境部发布了造林碳汇和红树林营造 2 个林业碳汇项目方法学。其要点归纳如下。

一、造林碳汇项目方法学的要点

（一）技术原理

造林碳汇项目可通过增加森林面积和森林生态系统碳储量实现二氧化碳清除，是减缓气候变化的重要途径。

（二）适用条件

本方法学适用于乔木、竹子和灌木造林，包括防护林、特种用途林、用材林等造林，不包括经济林造林、非林地上的通道绿化、城镇村及工矿用地绿化，使用本方法学的造林碳汇项目必须满足以下条件：

①项目土地在项目开始前至少 3 年为不符合森林定义的规划造林地。

②项目土地权属清晰，具有不动产权属证书、土地承包或流转合同；或具有经有批准权的人民政府或主管部门批准核发的土地证、林权证。

③项目单个地块土地连续面积不小于 $400m^2$。对于 2019 年（含）之前开始的项目，土地连续面积不小于 $667m^2$。

④项目土地不属于湿地。

⑤项目不移除原有散生乔木和竹子，原有灌木和胸径小于 2cm 的竹子的移除比例总计不超过项目边界内地表面积的 20%。

⑥除项目开始时的整地和造林外，在计入期内不对土壤进行重复扰动。

⑦除对病（虫）原疫木进行必要的火烧外，项目不允许其他人为火烧活动。

⑧项目不会引起项目边界内农业活动（如种植、放牧等）的转移，即不会发生泄漏。

⑨项目应符合法律、法规要求，符合行业发展政策。

（三）项目边界、计入期、碳库和温室气体排放源

造林碳汇项目区域可包括若干个不连续的地块，每个地块应有特定的地理边界。项目边界内不包括宽度大于 3m 的道路、沟渠、坑塘、河流等不符合适用条件的土地。

项目计入期为可申请项目减排量登记的时间期限，从项目业主申请登记的项目减排量的产生时间开始，最短时间不低于 20 年，最长不超过 40 年。项目计入期须在项目寿命期限范围之内。

碳库和温室气体排放源按方法学要求和项目实际进行选择。

（四）基准线情景识别

本方法学规定的造林碳汇项目基准线情景为：维持造林项目开始前的土地利用与管理方式。

（五）额外性论证

本方法学额外性论证按造林主要目的分为两种情况。

1. 免于论证

以保护和改善人类生存环境、维持生态平衡等为主要目的的公益性造林项目，在计入期内除减排量收益外难以获得其他经济收入，造林和后期管护等活动成本高，不具备财务吸引力。符合下列条件之一的造林项目，其额外性免予论证：

①在年均降水量≤400mm 的地区开展的造林项目。

年均降水量≤400mm 的地区可参考《国家林业局关于颁发〈"国家特别规定的灌木林地"的规定〉（试行）的通知》（林资发〔2004〕14 号）。

②在国家重点生态功能区开展的造林项目。

国家重点生态功能区可参考《国务院关于印发〈全国主体功能区规划〉的通知》（国发〔2010〕46 号）、《国务院关于同意新增部分县（市、区、旗）纳入国家重点生态功能区的批复》（国函〔2016〕161 号）。

③属于生态公益林的造林项目。

2. 一般论证

其他造林项目按照《温室气体自愿减排项目设计与实施指南》中"温室气体自愿减排项目额外性论证工具"对项目额外性进行一般论证。

（六）减排量核算方法

按方法学计算基线清除量、项目清除量、项目减排量。本方法学考虑了碳汇项目非持久风险评估，并按 10% 的默认值进行减排量扣减。按本方法学要求，编写项目设计文件。

（七）监测方法

按本方法学规定的监测方法开展项目监测工作，编写每个监测期的减排量核算报告。本方法学强调数据管理和归档。项目监测的所有数据均应进行电子存档，在该温室气体自愿减排项目最后一期减排量登记后至少保存 10 年，确保相关数据可被追溯。

（八）项目审定与核查要点

本方法学强调审定与核查的重要性，对审定与核查的要点，逐条进行了规定，明确审定与核查的方法和证据要求，确保审定与核查活动的完整、客观、真实，以及审定报告和核查报告的合规性、真实性、准确性。

二、红树林营造方法学的要点

（一）技术原理

营造红树林可通过增加红树林面积和生态系统碳储量实现二氧化碳清除，是海岸带生态系统碳汇能力提升的重要途径。

（二）适用条件

使用本方法学的红树林营造项目必须满足以下条件：

①在生境适宜或生境修复后适宜红树林生长的无植被潮滩和退养的养殖塘，通过人工种植构建红树林植被的项目。

②项目边界内的海域和土地权属清晰，具有县（含）级以上人民政府或自然资源（海洋）主管部门核发或出具的权属证明文件。

③人工种植红树林连续面积不小于 $400m^2$。

④不得改变项目边界内地块的潮间带属性，即实施填土、堆高或平整后的潮滩滩面在平均大潮高潮时仍全部有海水覆盖。

⑤项目不进行施肥。

⑥项目应符合法律、法规要求，符合行业发展政策。

（三）项目边界、计入期、碳库和温室气体排放源

红树林营造项目区域可包括若干个不连续的种植地块，每个地块应有特定的地理边界。项目边界内不包括面积超过 $400m^2$ 以上的坑塘，宽度大于 3m 的道路、沟渠、潮沟等区域，也不包括项目实施前已经存在且覆盖度大于 5% 的红树林地块。

项目计入期为可申请项目减排量登记的时间期限，从项目业主申请登记的项目减排量的产生时间开始，最短时间不低于 20 年，最长不超过 40 年。项目计入期须在项目寿命期限范围之内。

碳库和温室气体排放源按本方法学要求进行选择。碳库选择：基准线情景不选择五大碳库；项目情景选择五大碳库中的地上生物质、地下生物质和

土壤有机碳。排放源选择：基准线情景下，保守的忽略不计；项目情景下，选择土壤微生物代谢造成的甲烷和氧化亚氮的排放。

（四）基准线情景识别

本方法学规定的红树林营造项目基准线情景为：在实施红树林营造项目前，项目边界内的海域或土地资源开发利用方式为无植被潮滩或退养的养殖塘。

（五）额外性论证

红树林营造是不以营利为目的的公益性行为。红树林易受极端气候事件和人为活动干扰，通常红树林植被种植和后期管护等活动成本高，不具备财务吸引力。符合本方法学适用条件的项目，其额外性免予论证。

（六）减排量核算方法

按方法学计算基线清除量、项目清除量、项目减排量。本方法学考虑了碳汇项目非持久风险评估，并按 5% 的默认值进行减排量扣减。按本方法学要求，编写项目设计文件。

（七）监测方法

按本方法学规定的监测方法开展项目监测工作，编写每个监测期的减排量核算报告。本方法学强调数据管理和归档。项目监测的所有数据均应进行电子存档，在该温室气体自愿减排项目最后一期减排量登记后至少保存 10 年，确保相关数据可被追溯。

（八）项目审定与核查要点

本方法学强调审定与核查的重要性，对审定与核查的要点，逐条进行了规定，明确审定与核查的方法和证据要求，确保审定与核查活动的完整、客观、真实，以及审定报告和核查报告的合规性、真实性、准确性。

第三节　CCER 林业碳汇项目开发与交易程序

鉴于当前社会上对 CCER 林业碳汇项目开发与交易的关注度比较高，本节归纳总结并重点介绍 CCER 林业碳汇项目开发与交易程序。

一、CCER 林业碳汇项目开发程序

参照《温室气体自愿减排交易管理办法（试行）》（生态环境部令第 31 号公布，自 2023 年 10 月 19 日起生效施行），基于林业碳汇开发程序和项目开发实践经验，将 CCER 林业碳汇项目开发主要程序归纳为 9 个步骤，分别是项目设计、项目公示、项目审定、项目登记、项目实施、减排量核算、减排量公示、减排量核查及其减排量登记（图 11-1）。现将 9 个项目开发步骤的主要工作归纳总结如下，若今后国家主管部门对现行的国家相关政策规则进行更新，应按更新后的相关政策规则执行。

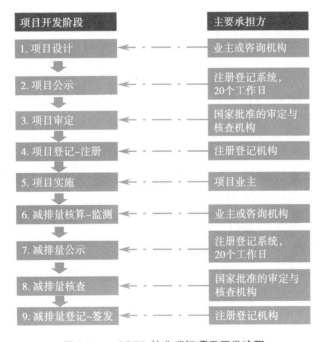

图 11-1　CCER 林业碳汇项目开发流程

（一）项目设计

申请温室气体自愿减排项目登记的法人或者其他组织（项目业主）应当按照项目方法学等相关技术规范要求编制项目设计文件（以下简称 PDD），并委托审定与核查机构对项目进行审定。项目设计文件所涉数据和信息的原始记录、管理台账应当在该项目最后一期减排量登记后至少保存 10 年。

由项目业主或委托专业技术部门开展碳汇项目调研和开发工作，识别拟

议项目是否项目登记的资格条件和方法学的适用条件，识别项目的基准线、论证额外性，计算减排量，编制减排量计算表，并采用国家主管部门发布的最新 PDD 模板，编写项目设计文件并准备项目审定和项目登记所有必需的证明材料和支持性文件。鉴于碳汇项目开发专业性强，通常由项目业主委托专业技术部门完成 PDD 等项目文件。

（二）项目公示

项目业主申请温室气体自愿减排项目登记前，应当通过注册登记系统公示 PDD，并对公示材料的真实性、完整性和有效性负责。

项目业主公示 PDD 时，应当同步公示其所委托的审定与核查机构的名称。

PDD 公示期为 20 个工作日。公示期间，公众可以通过注册登记系统提出意见。

（三）项目审定

审定与核查机构应当按照国家有关规定对申请登记的温室气体自愿减排项目的以下事项进行审定，并出具项目审定报告，上传至注册登记系统，同时向社会公开：

①是否符合相关法律法规、国家政策。

②是否属于生态环境部发布的项目方法学支持领域。

③项目方法学的选择和使用是否得当。

④是否具备真实性、唯一性和额外性。

⑤是否符合可持续发展要求，是否对可持续发展各方面产生不利影响。

项目审定报告应当包括肯定或者否定的项目审定结论，以及项目业主对公示期间收到的公众意见处理情况的说明。

审定与核查机构应当对项目审定报告的合规性、真实性、准确性负责，并在项目审定报告中作出承诺。

原国家气候变化主管部门国家发展和改革委员会审核备案的具有资质审核 CCER 林业碳汇项目的审定与核证机构有中国质量认证中心（CQC）、中环联合（北京）认证中心有限公司（CEC）等 6 家。今后将由国家市场监督管理总局会同生态环境部联合审核和批准温室气体自愿减排项目审定与核查机构及其审核专业领域。

（四）项目登记

审定与核查机构出具项目审定报告后，项目业主可以向注册登记机构申请温室气体自愿减排项目登记。

项目业主申请温室气体自愿减排项目登记时，应当通过注册登记系统提交项目申请表和审定与核查机构上传的 PDD、项目审定报告，并附具对项目唯一性以及所提供材料真实性、完整性和有效性负责的承诺书。

注册登记机构对项目业主提交材料的完整性、规范性进行审核，在收到申请材料之日起 15 个工作日内对审核通过的温室气体自愿减排项目进行登记，并向社会公开项目登记情况以及项目业主提交的全部材料；申请材料不完整、不规范的，不予登记，并告知项目业主。

已登记的温室气体自愿减排项目出现项目业主主体灭失、项目不复存续等情形的，注册登记机构调查核实后，对已登记的项目进行注销。

项目业主可以自愿向注册登记机构申请对已登记的温室气体自愿减排项目进行注销。

温室气体自愿减排项目注销情况应当通过注册登记系统向社会公开；注销后的项目不得再次申请登记。

（五）项目实施

根据注册登记的 PDD、林业碳汇项目方法学和造林或森林经营项目作业设计、方案等要求，开展营造林项目活动。项目实施是决定项目是否能够成功、是否获得预期减排量的关键，因此，项目实施十分重要，必须高度重视，严格按照批准的作业设计执行，方能获得项目的预期碳汇收益。

（六）减排量核算

申请登记的减排量范围：经注册登记机构登记的温室气体自愿减排项目可以申请项目减排量登记。申请登记的项目减排量应当可测量、可追溯、可核查，并具备下列条件：a.符合保守性原则；b.符合生态环境部发布的项目方法学；c.产生于 2020 年 9 月 22 日（我国提出碳达峰碳中和目标）之后；d.在可申请项目减排量登记的时间期限内；e.符合生态环境部规定的其他条件。

项目业主可以分期申请项目减排量登记。每期申请登记的项目减排量的产生时间应当在其申请登记之日前五年以内。

减排量核算的要求：项目业主申请项目减排量登记的，应当按照项目方法学等相关技术规范要求编制减排量核算报告，并委托审定与核查机构对减排量进行核查。项目业主不得委托负责项目审定的审定与核查机构开展该项目的减排量核查。

减排量核算报告所涉数据和信息的原始记录、管理台账应当在该温室气体自愿减排项目最后一期减排量登记后至少保存 10 年。

项目业主应当加强对温室气体自愿减排项目实施情况的日常监测。鼓励项目业主采用信息化、智能化措施加强数据管理。

具体做法：项目业主按注册登记的 PDD 及其监测计划、监测手册实施项目监测活动，测量造林或森林经营项目在监测期内实际产生的项目清除量（碳汇量）和项目减排量，按国家主管部门公布的最新模板要求编写减排量核算报告（通常称为监测报告），准备核查所需的支持性文件，用于申请减排量核查和减排量登记。

（七）减排量公示

项目业主申请项目减排量登记前，应当通过注册登记系统公示减排量核算报告，并对公示材料的真实性、完整性和有效性负责。

项目业主公示减排量核算报告时，应当同步公示其所委托的审定与核查机构的名称。

减排量核算报告公示期为 20 个工作日。公示期间，公众可以通过注册登记系统提出意见。

（八）减排量核查

审定与核查机构应当按照国家有关规定对减排量核算报告的下列事项进行核查，并出具减排量核查报告，上传至注册登记系统，同时向社会公开：

①是否符合项目方法学等相关技术规范要求。

②项目是否按照项目设计文件实施。

③减排量核算是否符合保守性原则。

减排量核查报告应当确定经核查的减排量，并说明项目业主对公示期间收到的公众意见处理情况。

审定与核查机构应当对减排量核查报告的合规性、真实性、准确性负责，并在减排量核查报告中作出承诺。

（九）减排量登记

审定与核查机构出具减排量核查报告后，项目业主可以向注册登记机构申请项目减排量登记；申请登记的项目减排量应当与减排量核查报告确定的减排量一致。

项目业主申请项目减排量登记时，应当通过注册登记系统提交项目减排量申请表、审定与核查机构上传的减排量核算报告、减排量核查报告，并附具对减排量核算报告真实性、完整性和有效性负责的承诺书。

注册登记机构对项目业主提交材料的完整性、规范性进行审核，在收到申请材料之日起 15 个工作日内对审核通过的项目减排量进行登记，并向社会公开减排量登记情况以及项目业主提交的全部材料；申请材料不完整、不规范的，不予登记，并告知项目业主。

经登记的项目减排量称为"核证自愿减排量"，单位以"吨二氧化碳当量（t CO_2e）"计。

二、CCER 林业碳汇交易

（一）交易产品

全国温室气体自愿减排交易市场的交易产品为 CCER。生态环境部可以根据国家有关规定适时增加其他交易产品。

（二）交易主体

从事核证自愿减排量交易的交易主体，应当在注册登记系统和交易系统开设账户。

（三）交易方式

CCER 的交易应当通过交易系统进行。

CCER 交易可以采取挂牌协议、大宗协议、单向竞价及其他符合规定的交易方式。

（四）减排量的使用和注销

CCER 按照国家有关规定用于抵销全国碳排放权交易市场和地方碳排放权交易市场碳排放配额清缴、大型活动碳中和、抵销企业温室气体排放等用途的，应当在注册登记系统中予以注销。

鼓励参与主体为了公益目的，自愿注销其所持有的 CCER。

CCER 跨境交易和使用的具体规定，由生态环境部会同有关部门另行制定。

第十二章

坚持统筹推动：林业在"双碳"进程中的地方实践

加强党中央对碳达峰碳中和工作的集中统一领导，充分发挥碳达峰碳中和工作领导小组指导和统筹作用，组织开展好碳达峰碳中和先行示范，探索有效模式和有益经验，增强各级领导干部推动绿色低碳发展的本领，是做好"双碳"工作的组织保障。各地在党委统一领导下，按照碳达峰碳中和工作领导小组的部署，遵照党中央决策部署，结合本地区实际，系统谋划和扎实推动林业碳汇工作，是当前和今后一个时期一项十分重大和紧迫的任务。本章编入福建、四川、浙江三省和包头市的典型做法供大家借鉴和参考。

第一节　福建省全力推动林业碳汇工作

林业碳汇是助力实现我国碳达峰碳中和目标的重要保障，也是促进新时期林业高质量发展的重要载体。近年来，福建省通过建立健全碳汇交易制度，先后开展了林业碳汇交易试点、林业碳中和试点，创新提出"福建林业碳汇"（以下简称 FFCER），稳步推进林业碳汇交易，创新推广"林业碳汇+中和活动""林业碳汇+乡村振兴""林业碳汇+生态司法""林业碳汇+绿色金融"等，不断拓展林业碳汇价值的实现途径。其中福建省林业碳汇司法赔偿机制得到最高人民法院主要领导的批示肯定和国家林业和草原局生态保护修复司的通报表扬。

一、背景情况

碳汇能力巩固提升行动是碳达峰十大行动之一。福建省山地资源和森林资源丰富，全省森林面积 807 万 hm²，森林覆盖率 65.12%、居全国首位，全省森林蓄积量 8.07 亿 m³、居全国第八位，乔木林每公顷蓄积量 121.5m³、居全国第三位。2016 年 6 月 27 日，中央全面深化改革领导小组第二十五次会议审议通过了《国家生态文明试验区（福建）实施方案》，决定选择福建省作为全国第一个国家生态文明试验区，开展生态文明体制改革综合实验。福建聚焦碳达峰碳中和目标愿景，在林业碳汇生成、流通、增值、应用等环节创新形成"福建经验"，林业碳汇成交量和成交额位居全国前列。

二、主要做法

（一）狠抓扩面提质，形成固碳合力

通过大力推进科学造林绿化，精准提升森林质量，增强森林生态功能。一是摸清碳汇家底。开展全省林业碳汇和 LULUCF 专项调查，按照森林类型、起源和龄组选取 430 个满足模型建立要求的森林样地，开展乔木层、灌木层、草本层、凋落物、枯死木生物量和土壤有机碳调查，构建了全省林业碳汇计量监测体系。目前，全省森林植被碳储量超过 16 亿 t，年均增加森林碳汇 5000 万 t 以上。二是实施固碳工程。依靠新增森林面积和实施森林质量精准提升工程，"十三五"期间年均新增造林近 8 万 hm^2、森林抚育 25.33 万 hm^2。三是实施减排工程。通过自然生态空间保护、森林采伐管理、重点生态区位商品林赎买停伐、灾害防治等措施，防止因森林减少而造成的碳排放。

（二）构建市场体系，激发市场活力

2016 年，作为国家发展和改革委员会核准同意的全国第 9 个温室气体自愿减排交易机构落户的省，福建抢抓机遇，将林业碳汇交易列入试验区 38 项重点改革任务之一加以推进。一是创新交易标的。提出 FFCER，明确规定控排企业优先使用 FFCER 最多可以抵销 10% 的碳排放量，使用其他行业减排量最多只能抵销 5%；放宽申报业主的限制，从公司法人放宽到独立法人；优化了 FFCER 项目申报流程，申报周期相比 CCER 项目缩短了一半以上。二是完善交易体系。省政府依托省海峡股权交易中心挂牌成立福建碳排放权交易市场，并于 2016 年 12 月 22 日顺利开市。先后出台了《福建省碳排放权交易管理暂行办法》《福建省碳排放权抵销管理办法（试行）》等 9 份政策性文件，明确交易、温室气体排放报告、第三方核查机构、碳排放配额、碳排放权抵销等方面管理要求和碳排放权交易市场交易、调节、信用信息管理等规则。截至 2023 年 8 月，FFCER 累计交易和再交易 408 万 t、6346 万元。三是培养人才队伍。省林业局依托省林业规划院挂牌成立"福建林业碳汇计量监测中心"，负责林业碳汇项目申报材料的初审和外业核查，明确省林科院作为技术支撑单位，负责林业碳汇计量监测体系建设。福建金森金林碳汇科技有限公司等专业机构，敢闯敢试敢为人先，摸着石头过河，积累了丰富的项目开发经验，成为国内极少数具备独立开发林业碳汇项目能力的机构。

（三）推进"林业碳汇+"，丰富应用场景

通过推进"林业碳汇+"，由点到面，着力让林业碳汇多重效用拓展到经济社会发展和生态环境保护的方方面面。一是推进"林业碳汇+中和活动"。省林业局等8部门联合印发《福建省大型活动和公务会议碳中和实施方案》，通过购买林业碳汇、营造碳中和林等方式，建立完善以林业碳汇推动大型会议活动碳中和机制，实现近年在闽举办的世遗会、数字中国峰会、武夷资管峰会、中国金鸡百花电影节、习近平生态文明思想理论与实践研讨会、中国·海峡创新项目成果交易会、首届全国林草碳汇高峰论坛等会议（活动）碳中和。二是推进"林业碳汇+乡村振兴"。2022年尤溪县建成全省首个社会化FFCER碳汇造林项目，所得收入归全县14个乡镇、2000多农户共同所有。南平、三明等地积极开展一元碳汇、林业碳票等项目试点工作，缓解保护与发展的矛盾，增加林农收入，让农村地区共享发展红利。2021年顺昌县将一元碳汇与乡村振兴战略深度结合，将实施对象从脱贫村、脱贫户拓展至所有村集体和林农，碳汇收益可用于林业发展、乡村振兴、公益基础设施等。2022年9月，将乐县高唐镇常口村把14万元的林业碳票收益，发放给全体村民，实现林农增收、森林增汇、社会增绿的协调统一。截至2023年8月，三明林业碳票累计交易与再交易10.7万t、150万元，南平"一元碳汇"累计交易与再交易0.83万t、83万元。三是推进"林业碳汇+生态司法"。省林业局会同省高级人民法院，组织编制《刑事司法林业碳汇损失量计量方法（试行）》，结合全省森林资源的实际情况，针对不同的生态环境刑事案件类型，科学地提出了林业碳汇损失的计量类型、计量方法及主要树种相关参数，合理计算受损森林碳汇量。省林业局会同省高级人民法院、检察院，建立林业碳汇司法赔偿机制，在破坏森林资源刑事案件中，引导被告人认购森林碳汇量，首次实现林业碳汇损失赔偿，赔偿金用于支持生态环境修复。据不完全统计，截至2023年8月，全省已办理"认罪认罚+碳汇赔偿"案件135件，认购林业碳汇4.2万t，在全社会树立起"保护者受益，破坏者担责"的鲜明导向。四是推进"林业碳汇+绿色金融"。聚集"钱从哪里来"，积极搭建政银企保合作对接平台，创新金融工具，大力发展碳汇金融。2021年顺昌县国有林场与兴业银行签订林业碳汇质押贷款和远期约定回购协议，获得兴业银行2000万元贷款，这是福建首例以林业碳汇为质押物、全国首例以远期碳汇产品为标的物的约定回购融资项目。2021年全国首单林业碳汇指数保险

在龙岩市新罗区签单落地，为新罗区林业固碳能力意外减弱提供年度最高2000万元碳汇风险保障，将火灾、冻灾等灾害造成的森林固碳量损失指数化，以固碳量损失为赔偿依据，有效创新森林固碳能力修复机制。永安市、沙县区先后成立了福建省首个碳汇基金"中国绿色碳汇基金会——永安碳汇专项基金"、"沙县区林业碳中和基金"，宣传普及"碳达峰碳中和"知识，为当地企业和社会公众搭建了支持碳汇活动、捐资造林、展示社会责任、实践低碳生产生活的公益参与平台。

三、经验启示

（一）牢记使命、系统谋划是根本

习近平总书记强调："我们要提高战略思维能力，把系统观念贯穿'双碳'工作全过程"。福建深入贯彻落实习近平总书记关于森林在国家生态安全和人类经济社会可持续发展中重要性的讲话和指示精神，将林业碳汇作为生态文明试验和深化林改的重点任务，以碳达峰碳中和目标为引领，全局性谋划、战略性布局、整体性推进，处理好开发与交易、近期与远期、整体与局部、政府与市场的关系，林业、发改、生态环境、金融监管和文旅等部门协同发力，有力确保政策取向一致、步骤力度衔接。

（二）改革创新、惠民利民是核心

让林农充分共享林业碳汇发展成果是加快林业碳汇价值实现的重要出发点和落脚点。改革创新是推动"双碳"工作的动力源泉。福建坚持生态为民、生态利民、生态惠民，持续深化林业改革，探索符合省情、兼具特色的应对气候变化制度和机制，创新"林业碳汇+"模式，丰富生态产品价值实现途径，积极引入社会资本和专业力量，有效调动林农保护和科学经营森林的积极性，推动碳汇资源向生态资产转化，形成"社会得绿、林农得益"的"双赢"局面。

（三）问题导向、试点先行是关键

福建坚持以问题为导向，扎实开展省级林业碳汇交易试点、林业碳中和试点建设，解决林业碳汇"有没有、会不会"和"好不好、活不活"的问题，总结推广高固碳的营造林技术模式。指导推进龙岩、南平、三明国家林业碳汇试点市建设，尊重基层的首创精神，突出"一市一品一特色"，做到上下同

频共振，点线面结合，以点带面推动发展。

第二节　四川省科学推进高质量天府"碳库"建设

一、背景情况

四川省位于中国西南部，处在青藏高原和长江中下游平原的过渡带，地形复杂，海拔高低落差近 7000m，森林类型垂直分布明显，有寒带针叶林、温带针阔混交林、北亚热带常绿和落叶混交林、中亚热带常绿阔叶林，是长江上游重要的水源涵养地、黄河上游重要的水源补给区，以及全球生物多样性保护重点地区。四川省现有林地面积 2541.96 万 hm²，排全国第一位；森林面积 1736.26 万 hm²，排全国第四位；森林蓄积量 189498.02 万 m³，排全国第四位；草地面积 968.78 万 hm²，排全国第六位；湿地面积 123.08 万 hm²，排全国第六位。在助力推进我国碳达峰碳中和战略中，四川省全面深入贯彻习近平生态文明思想和来川视察重要指示精神，扎实推动落实中共中央、国务院《关于完整准确全面贯彻新发展理念做好碳达峰碳中和工作的意见》，按照"积极稳妥、务求实效"工作原则，摸家底、夯基础、抓试点、建机制，充分发挥林草湿生态系统的"碳库"作用，积极探索林草生态产品价值转换路径，筑牢长江上游生态屏障，推进乡村振兴新局面。

二、主要做法

（一）锚定目标，加强统筹谋划

聚焦国家应对气候变化森林蓄积量自主贡献的目标，结合市场关注林业碳汇项目开发的热度，四川省在研究政策、剖析案例、摸清资源情况和工作现状的基础上，加强政策引导，出台了全国省级层面第一个"林草碳汇行动方案"，明确短期和中期目标，从扩、增、固、产四方面提出八大重点行动和四大保障措施，统筹推进天府碳库建设。随后，印发《四川省林草碳汇发展推进方案（2022—2025 年）》，进一步明确林草碳汇发展重点任务、推进路径、时间安排和责任清单，为统筹探索和推进林草生态系统的固碳增汇能力提升、项目开发和碳普惠机制建设的实现路径提供了行动指南。自 2020 年以来，通过采取系列举措，四川省林草生态状况持续向好改善。截至 2023 年 9 月底，森林面积增加 10.97 万 hm^2，森林蓄积量提高 0.28 亿 m^3，森林覆盖率提高 0.23%，草原综合植被盖度年均增长率 0.15%，林业总产值增长 30%。

（二）破解难点，推进试点示范

研判林草在新形势下的发展路径，四川省提出不仅要抓好生态系统固碳增汇，还要在林草自愿减排项目实施机制、利益联结机制等环节进行创新探索，围绕林草碳汇发展的重要领域和关键环节，开展先行先试。中共四川省委十二届二次全会把"实施林草碳汇项目开发试点"写入全会审议通过的《中共四川省委关于深入学习贯彻党的二十大精神在全面建设社会主义现代化国家新征程上奋力谱写四川发展新篇章的决定》，省林业和草原局印发《林草碳汇项目开发试点方案》，并确定在成都、巴中等 4 市，马边等 11 县（市、区）和洪雅县国有林场等 8 个单位，从不同层级开展不同资源类型的省级林草碳汇工作试点。建立省级技术指导单位和专家联系试点工作制，加强指导联系，注重协同配合。各试点单位结合自身资源特点，编制实施方案，明确试点目标和实现路径。截至目前，试点实施固碳增汇示范工程 7.33 万 hm^2；建立了川中柏木林集约经营、大熊猫国家公园、非煤矿山生态修复、马尾松退化林修复等 7 个固碳增汇示范样板基地；23 个试点单位启动全域林草碳储量核算和碳汇潜力评估；部分试点单位按国内外碳信用产品方法学，计划实施自愿减排项目 30 个，预计每年可产生减排量 266 万 $t\,CO_2e$。

（三）疏通堵点，持续补短建强

对标"双碳"战略部署，四川省仍存在跑马圈地"卖合同"、碳汇潜力资源不清、林草碳汇价值转化路径单一、人才缺乏等问题的制约。为疏通林草碳汇发展堵点，四川省加强了应对之策。一是加强组织机构建设。省林业和草原局成立了应对气候变化领导小组和林草碳汇工作组，加强助力"双碳"目标的组织领导和工作指导，针对林草碳汇项目开发乱象，及时向各市（州）下发了工作提醒函。二是推进全省林草碳计量监测和碳汇发展潜力评估。自 2020 年以来，省级完成了 7800 余个森林、草原、湿地样地调查，完善计量参数，夯实四川省林草碳汇计量基础。部分试点市、县在碳汇工作组指导下，完成了本区域林草碳储量监测和碳汇潜力评估工作。三是推进四川林草碳汇创新发展联盟建设。目前，联盟成员共有 13 家单位，涵盖科研院所、高等院校、企业和社会组织，可有效统筹产研教资源，提升四川林草碳汇的市场竞争能力。四是推进林草碳汇人才队伍建设。实施林草碳汇"千人队伍"培养计划，开展林草碳汇宣讲全省行活动，年培训基层人数超过 500 人次。

（四）打造亮点，坚持创新驱动

推动多方发力，共同破解制约林草碳汇发展的瓶颈问题。四川天府新区依托中国绿色碳汇基金会，建立"天府碳中和专项基金"，为林草助力碳达峰碳中和目标提供资金保障；联合天府永兴实验室、中国林业科学研究院等单位，依托鹿溪河生态区、天府公园等大型绿地，探索开展城市生态绿地碳汇研究，构建公园城市绿色低碳发展样板。同时，四川省依托丰富的林草资源，科学有序推进林草碳普惠机制建设，探索开发多元化的碳信用产品，打造具有四川特色的熊猫碳汇、生物多样性保护碳汇和社区发展碳汇的品牌形象，拓展林业碳汇消纳场景。成都市利用"碳惠天府"机制，实施"龙泉山城市森林公园碳普惠项目"，为成都大运会、世园会实现碳中和提供减排量。巴中市开展林业碳普惠项目开发试点，丰富"碳汇+"应用场景，探索"碳汇+生态环境司法修复"机制。长宁县抓住宜宾市承接第三届中国（宜宾）国际竹产业发展峰会的机遇，为峰会碳中和贡献 99.53t 竹林碳汇项目减排量。色达县发挥高原独特的自然优势，引进自愿减排企业投资建设碳中和林 266.67hm^2。

三、主要成效

（一）社会对森林碳库认知有提升

在推进林草碳汇项目开发试点过程中，各级政府和社会公众逐渐脱离了"林业碳汇交易"的单一认知，慢慢认识到森林碳库密切联系着我国的生态保护、环境治理、乡村振兴等国家战略，在"双碳"背景下已成为重要的战略资源。

（二）草原项目参与应对气候变化有突破

红原县和色达县参照国内外碳信用市场草地修复项目方法学，实施自愿减排项目，填补了四川省在草原碳汇项目实施上的空白。这些项目不但提升了草地增汇能力，还拓展了草地生态补偿机制，进一步构建了草原生态保护与农牧民持续增收的新格局，推动四川省草原碳汇项目开发迈向新台阶。

（三）服务林草碳汇发展的能力有提高

四川林草碳汇创新发展联盟为科研院所、高等院校、企事业单位和各类社会团体，提供一个互动的服务平台，利于深化联动、人才赋能、成果转化。省级技术单位指导负责制，深化了试点进度跟踪和绩效评估。"千人队伍"培养计划，推动部分试点市、县积极培育本地企业或组建"两山公司"，参与林草碳汇项目开发、实施、经营，为林草碳汇发展注入市场化人才。

四、经验启示

（一）发展林业碳汇，是推动高质量建设碳库的重要手段

林业碳汇项目要求项目地块、碳汇计量等必须符合"可测量、可报告、可核查"原则，该原则通过市场机制明晰了碳汇交易双方一个较长时期内的权责，其定期监测、定期核查制度能够确保造林和营林的有机统一，实现造林见林、营林见效。林业碳汇项目严格的程序、严谨的要求，也能有效解决传统林业项目重造林轻经营、重数量轻质量的弊端，为推动林草高质量发展在机制创新上提供了有益的借鉴。

（二）发展林业碳汇，是践行"两山"理论的重要载体

林业碳汇项目遵循多重效益开发原则，每个项目均兼具减缓和适应气候变化、植被恢复及生物多样性保护、实现社区可持续发展的多重功能，农民在开展植树造林和保护森林活动中，直接增加劳务收入和生态产品变现收入，生动诠释了"绿水青山就是金山银山"理念。四川诺华川西南林业碳汇、社区和生物多样性项目，造林绿化荒山3800hm²，社区村民广泛参与项目实施，人均劳务增收2160元。

（三）发展林业碳汇，是建立市场化生态补偿的重要途径

生态效益正外部性强，受益群体很难界定，补偿对象和标准很难确定，市场化补偿机制建立难度大。发展林业碳汇，生态产品价值通过碳汇市场实现货币化，搭建起了市场化生态补偿的一条途径。红原县以集体经济组织为业主，实施冬春退化草场天然草地改良，构建"国有平台公司+集体经济组织+牧民"的利益联结机制，实施固碳增汇措施，预计可实现户均从项目增

收3000元，一定程度上弥补了单一依靠政府补偿标准偏低的生态补偿政策缺陷，有效激励了草地（林权）所有者科学经营草原（森林）更好造福人类的积极性。

（四）发展林业碳汇，是推动绿色生活方式的重要举措

近年来，四川积极鼓励和支持相关机构、企业、团体、个人自愿购买林草碳汇抵销其产生的温室气体，实现碳中和。已累计实施自愿林业碳汇项目12个，营造碳汇林733.33hm²。2023年，成都市启动"碳惠天府"成都龙泉山城市森林公园造林管护碳普惠项目开发，将该项目产生的4万t CO_2e减排量用于实现2023年在成都举办的第三十三届世界大学生运动会的碳中和。2023年，国内知名企业投资2000万元，在四川省甘孜州色达县新造碳汇林266.67hm²，未来30年该项目产生的碳汇量用于抵销企业的碳足迹。

第三节　浙江省着力推动林业碳汇创新发展

浙江省森林覆盖率61.27%，居全国前列；乔木林每公顷蓄积量年增长量达3.53m³，超过全国平均水平，具备林业碳汇高质量发展的天然禀赋。近年来，浙江省通过规划引领、稳碳促汇、协作攻关、探索试点、数字智治等系列举措，加快建设全国林业碳汇先行示范区。2022年，全省森林蓄积量达4.12亿m³、森林植被碳储量达3.10亿t，分别较2020年增加3400万m³和2000万t。

一、强化规划引领，构建政策管理体系

浙江省高度重视林业碳汇工作，省第十五次党代会提出，扎实推进碳达峰碳中和，开发利用林业碳汇。省委、省政府《关于完整准确全面贯彻新发展理念做好碳达峰碳中和工作的实施意见》《关于全面推行林长制的实施意见》《关于建设高质量森林浙江打造林业现代化先行省的意见》《关于科学绿化的实施意见》等多个省级顶层设计文件将林业碳汇作为重要内容加以部署。时任省委书记、省总林长袁家军在全省第一次省级总林长会议上强调，省林业局要全面履行发展碳汇职能，在实现碳达峰碳中和上展现更大作为。省委

书记易炼红在全省第二次省级总林长会议上强调，坚持森林扩面提质增汇一体推进，推进国家林业碳汇试点。省委、省政府高质量森林浙江建设部署会强调，实施林业碳汇行动，大力提升林业碳汇能力，为碳达峰碳中和提供有力支撑。围绕林业碳汇发展，浙江省级有关部门印发相关政策文件20余个；省林业局第一时间成立了林业碳汇工作专班，由局党组书记、局长胡侠任专班组长，成立专班办公室，全面部署推进。丽水市、安吉县先后成立全国首个市级、县级森林碳汇管理局，淳安县在全国率先设立乡镇森林碳汇服务中心，先行探索示范。

二、强化固碳增汇，推进森林扩面提质

浙江省在全国率先编制完成首个省级林业碳汇中长期发展规划，明确建设全国林业碳汇先行示范区目标，打造森林"青山"和湿地"绿水"两大碳库，树立碳汇能力提升、碳汇交易机制、碳汇计量监测三个样板，拓展森林吸碳增汇、湿地稳碳促汇、竹木制品替代、碳汇产品交易四条路径，实施森林扩面提质、生态保护修复、林业产业发展、碳汇价值实现、碳汇数字智治五大行动。2020年以来，全省完成新增国土绿化12.53万 hm²，实现林地空间"应绿尽绿"；实施森林质量精准提升工程31.26万 hm²，乔木林单位面积蓄积量快速接近并努力赶超全国平均水平；在全国率先建立省域林地占补管理机制，被国家林业和草原局认定为基层林草治理好经验；累计完成松材线虫病除治86.2万 hm²，全省疫情发生面积、成灾率和病死树、疫区、疫点、疫情小班数量在2022年首次实现"六下降"。

三、强化先行示范，创新开展试点建设

根据浙江省"双碳"领导小组工作部署，省林业局围绕全省"双碳"领域试点架构，加快构建国家、省级、部门协同一体化的林业碳汇试点管理体系。衢州市、丽水市、安吉县入选首批国家林业和草原局林草碳汇试点市（县），数量位居全国第一。印发实施《浙江省林业固碳增汇试点建设管理办法》，创建省级林业增汇试点县10个、林业碳汇先行基地35个，面积超过7.33万 hm²。协同省级相关部门创建碳汇能力提升类低碳试点县4个、"零

碳先行"试点乡镇 79 个、"零碳公共机构" 25 家，开展"林业碳汇贷"金融试点市 4 个。丽水市上线浙江（丽水）生态产品交易平台，衢州市林业碳账户机制得到国家林业和草原局高度肯定，安吉县竹林碳汇案例先后列入 2021 年、2022 年《中国国土绿化状况公报》，并在全省推广，开化县"兴林共富"、龙泉市"益林富农"等案例入选 2022 年浙江省绿色低碳转型典型案例。

四、强化普惠减排，探索价值实现路径

围绕林业碳汇价值实现，浙江省加快探索区域林业碳汇项目开发管理机制，制定实施《浙江省用于大型活动（会议）碳中和的碳普惠减排量管理办法（试行）》，省林业局部署开展浙江省碳普惠机制下林业碳汇减排量开发，省生态环境厅累计备案"浙林碳汇"项目减排量 43.26 万 t CO_2e。积极探索能够体现碳汇价值的生态保护补偿机制，省财政厅将森林植被碳储量纳入省财政绿色发展奖励。围绕林业碳汇项目减排量应用，浙江省林业局会同杭州 2022 年第十九届亚运会组委会办公室共同制定杭州亚运会碳中和工作方案，以林业碳汇助力史上首届"零碳"亚运赛事举办，公布建设亚运会碳中和林 26 片 189hm^2，组织全省 7 个市 22 家国有林场开展"国有林场助力亚运碳中和"活动，捐赠林业碳汇 7.07 万 t，丽水市、安吉县通过收储、交易等形式向亚运会捐赠林业碳汇超 4 万 t，惠及超 2291 个村集体合作社户林农，在助力亚运赛事碳中和的同时，促进了共同富裕。截至 2023 年 9 月底，全省在大型公共会议（活动）碳中和、"零碳公共机构"、"零碳银行"网点创建、生态损害赔偿等领域累计交易"浙林碳汇" 82 笔 15.69 万 t，金额达 634.68 万元。

五、强化协作攻关，夯实碳汇基础支撑

浙江省林业碳汇基础研究走在全国前列，多个国字号林业碳汇研究平台落户浙江，国家发展和改革委员会备案的 4 个林业碳汇项目开发方法学，有 2 个方法学是浙江省主持开发。围绕林业碳汇发展，浙江省林业局 2021 年成立首届林业碳汇专家咨询委员会，2022 年成立林业碳汇发展基础支撑协作组，2023 年成立多部门参与的林业碳汇培训科普专家库。截至 2023 年 9 月，浙江省已实现省、市、县三级森林植被碳储量、碳汇量年度出数，发布"浙江

省碳汇造林十大主推树种"，竹产品碳足迹碳标签发布入选"2022 年中国竹产业十件大事"，《浙江省森林植被碳储量计量技术规范》即将作为省地方标准发布，4 个区域林业碳汇项目方法学通过专家论证并正在开展试点，完成《浙江省森林碳汇能力提升技术指导细则》编制并持续迭代完善，形成浙江省林业碳普惠计量核定方法并在全省"我为亚运种棵树"活动中广泛应用；编制形成浙江省"以竹代塑"产品清单目录。围绕碳汇基础培训科普，全省组织开展各级各类林业碳汇科普培训活动 39 场次 3746 人次。

六、强化数字赋能，创新智慧治理模式

围绕系统重塑、流程再造、实战实效、迭代升级的数字化治理工作要求，浙江省林业局加快推进林业碳汇数字智治、精准赋能。浙江省林业局牵头建设全省"双碳"平台碳汇领域看板，实现林业碳汇管理"一屏总览"。会同省"双碳"办推进公众林业碳普惠，开发"浙里种树"应用程序，实现义务植树"落地上图"、精准到人并量化为碳普惠积分。2022—2023 年，全省依托"浙里种树"登记开展"我为亚运种棵树"活动 785 场次，形成浙江碳普惠积分超 30 万分。以林草资源图为底图、"落地上图"为手段，推进碳汇生产管理全过程数字化，安吉县牵头林业碳汇收储模块开发，实现竹林流转手机端认证，4 个月流转竹林超过 5.33 万 hm^2；依托国土绿化、森林质量提升、重大工程"落地上图"管理，探索碳汇项目在线管理机制；联合衢州市共同开发林业碳账户项目开发模块，着力破解碳汇项目开发中存在的流程"繁"、管理"难"、地块"散"、技术"专"、成本"高"问题，有效降低林业碳汇项目开发成本，助力"浙林碳汇"项目开发达 1.42 万 hm^2；以区块链技术为核心，丽水市加快建设区域性林业碳汇交易平台，助力全省区域性林业碳汇交易。浙江省林业局与省生态环境厅等多部门的数据贯通初步实现林业碳汇减排量登记、购买、销售、注销管理闭环。

第四节　包头市大力推进碳达峰碳中和
林草碳汇试验区建设

2021年3月，包头市率先提出并启动建设碳达峰碳中和林草碳汇（包头）试验区。两年来，在国家、自治区的高度重视和大力支持下，包头市围绕"创新驱动、科学管理、提升能力、彰显价值"，初步构建起碳汇工作"四梁八柱"。试验区建设获评"中国改革2021年度地方全面深化改革典型案例"，入选"全国党建引领保障黄河重大国家战略创新案例"并获银奖。2022年11月，包头市入选首批国家林业碳汇试点市。

一、明确提升能力、实现价值、引领风尚"三效合一"的发展定位

建设林草碳汇（包头）试验区的目的不仅仅是开展碳汇交易，而是将其作为实现林草工作高质量发展的重要抓手，实现"三个效益"的明显提升：一是通过巩固提升森林草原湿地综合碳汇能力，推动形成山水林田湖草沙综合治理新机制，明显提升生态效益；二是通过开展林草碳汇资产管理运营，创新生态产品价值实现机制，开辟绿水青山转化为金山银山的新路径，明显提升经济效益；三是通过推行基于林草碳汇的市域碳中和，引领社会活动"零碳"新风尚，明显提升社会效益。

二、建立"四位一体"的支撑保障体系

一是建立组织保障体系。包头市政府专门成立了以主要领导任组长的工作领导小组，形成了政府统一组织、部门分工协作、全社会共同参与的工作体系。

二是建立制度方案体系。重点制定"1+9"工作方案。"1"是指总方案，即包头市政府印发的《碳达峰碳中和林草碳汇（包头）试验区实施方案》；"9"是指保障各项重点工作落实的9个子方案，即林草碳汇市域碳中和实施方案、森林草原湿地碳汇能力巩固提升行动方案、深入推进林业草原碳汇三

年行动计划（2021—2023年）、林草湿地碳汇监测方案、林企合作建设碳中和林工作方案、森林草原湿地碳汇发展片区建设指导方案、林草碳汇认定流转办法、推进大型活动造林增汇碳中和实施方案（试行）和林草碳汇试点建设项目实施方案。

三是建立科技支撑体系。组建了试验区的"两个平台"和"一个团队"，即产学研深度融合的"碳汇技术研发平台""研发+实操"的"碳汇工作创新平台"，以及国内知名专家学者组成的"碳汇专家团队"。

四是建立项目支撑体系。积极争取国家、自治区的项目资金支持；与国家科研机构合作实施"双碳"示范应用、碳汇基金等项目；完善碳汇发展投融资机制，大力开展招商引资。

三、开展"八条路径"的探索实践

一是巩固提升碳汇能力。制定了《包头市森林草原湿地碳汇能力巩固提升行动方案》，实施森林草原湿地碳汇能力巩固提升"十大行动"，全面提升国土绿化质量和效益，提高碳汇综合能力。自2021年以来，已累计实施各类巩固提升碳汇能力工程39.73万hm^2。推行碳汇林企合作，2021年以来引进包钢股份、北京美亚等企业，已合作建设碳汇林800hm^2。

二是开展林草湿精准增汇。以国有林场、山北草原、黄河湿地等重要生态区域为重点，规划建设12个森林碳汇发展片区、5个草原碳汇发展片区、5个湿地碳汇发展片区，共计超过103万hm^2，通过综合施策，实现精准增汇。与中国农业科学院草原研究所等科研院所合作，编制完成了《包头地区森林碳汇调查与监测技术规程》《包头地区草原碳汇调查与监测技术规程》《包头地区湿地碳汇调查与监测技术规程》《退化山地草原生态修复技术规程》，为科学精准增汇提供依据。

三是开展林草碳汇计量监测。建成"包头林草碳汇技术研究中心"，挂牌成立了国家碳计量中心（内蒙古）包头分中心，与内蒙古科技大学包头师范学院、内蒙古包头黄河湿地生态系统国家定位观测研究站组成联合实验室，共同开展森林草原湿地3个重点领域的碳计量监测研究。全市设置了300个森林草原湿地碳汇动态监测样地，完成第一轮碳汇动态监测和数据演算分析，正在开展第二轮监测，为制定林草碳汇地方标准体系奠定基础。与中国科学院、中国林业科学研究院、内蒙古农业大学、内蒙古科技大学包头师范学院等院校合作，研究编制关于碳汇能力提升、碳汇计量参数以及技术规范等地方标准 31 项，其中自治区级地方标准 13 项、包头市级地方标准 18 项，已全部在市场监管部门立项。目前，已完成自治区级地方标准 13 项、包头市级地方标准 7 项。

四是加强林草碳汇管理。成功开发运行"包头林草碳汇综合管理平台"，为全市林草碳汇各项工作提供全过程数字化服务。正式运行两个"平台"，一是包头林草碳汇认定流转平台，为包头林草碳汇项目的开发、登记、流转、交易、质押、抵销、监管等提供数字化管理服务；二是林草碳普惠平台，集低碳宣传、碳普惠产品核证与交易为一体，配合专用 APP 程序、微信公众号等，为实现多样化的林草碳普惠场景提供数字化支持与服务。推进林草碳汇地方立法，自治区人大常委会将林草碳汇管理条例列入 2023 年立法计划。向旗县区下发了《关于加强全市林草碳汇资产管理的通知》，明确了由市林草行政部门对全市林草碳汇开发进行统筹规划、统一开发、统一管理，避免盲目开发和碎片化开发，防范林草碳汇项目开发风险。

五是开发交易首支"包头林草数字碳票"。对额外性不明显、不符合 CCER 项目开发条件的林草资源，积极开发能够在市域内交易、流转、抵销的林草碳汇地方产品（包头林草数字碳票），拓宽林草碳汇价值实现途径。首先，专门制定出台了《包头林草碳票认定流转办法》《包头林草碳票碳汇量计量方法》，为开发林草数字碳票提供依据和遵循。其次，引入"区块链技术"进行林草数字碳票开发，彰显数字碳票分步记账和无限拆分的独特优势，确保能够充分应用于"零碳"行动和碳普惠积分激励，为碳票在市域内交易流转提供了保障，有效解决了碳票"谁来买、怎么买、用在哪"的难题。最后，以固阳国有林场 1466.67hm² 多年生乔木林为对象，开发了 15 万 t 包头林草数字碳票，已有 20 余家企业（包括自治区外 2 家）积极认购，实现了市内交易和省际交易，迈出了林草碳票区域交易和区域补偿第一步。

六是全面启动基于林草碳汇的市域碳中和。2023 年 6 月，"基于包头林草碳汇的市域碳中和"全面启动。以促进全市社会活动层面节能降碳、碳中和为导向，以包头林草碳票为支撑，以"零碳"行动和林草碳普惠为路径，推动全市各级机关企事业单位、社会组织、社会公众广泛参与碳中和，促进林草碳汇交易和区域补偿，破解林草固碳贡献大却实现比例低的难题。制定出台了《包头市林草碳汇市域碳中和实施方案》，编制完成《零碳机关事业单位日常运营碳中和实施指南》《大型活动碳中和实施指南》等指导性文件，为推行零碳行动和林草碳普惠奠定基础。通过企业向中国绿色碳汇基金会捐赠，正式设立"中国绿色碳汇基金会包头专项基金"，为探索形成碳汇补偿机制、促进市域碳中和提供支撑。经中环联合（北京）认证中心有限公司认证，2022 年成功打造了自治区首个"零碳"活动、首个"零碳会议"；2023 年，通过节能减排、企业捐赠"包头林草数字碳票"和"碳中和林"的方式，并经联合赤道环境评价股份有限公司核查认证，将"国家碳计量中心（内蒙古）包头分中心揭牌暨包头林草碳汇市域碳中和启动仪式"打造成"零碳会议"。

七是发展碳汇金融保险。通过与中国农业银行、中国邮政储蓄、中国太平洋保险等金融分支机构合作，成功发放两笔共计 2100 万元的碳汇权质押贷款，成功办理全国首单"草原碳汇遥感指数保险"业务、自治区首单商业性森林碳汇和湿地碳汇价值保险业务。与兴业银行合作，探索发展以包头林草碳票为质押的"林草碳汇贷"，将企业碳排放量与授信资质、授信额度、贷款利率挂钩，鼓励碳排放企业通过购买林草碳汇履行社会责任，助力全市实现绿色发展。目前已推出以包头林草碳票为质押的贷款 200 万元，成为全国首笔以地方碳票为质押的碳汇贷。

八是探索林草碳汇跨区域合作。发挥包头森林以人工造林为主、碳汇项目额外性明显的优势，以林草碳汇为吸引力，拓宽经济合作、招商引资渠道。2022 年 6 月，苏州市通过在包头新建碳中和林的形式，打造了苏州首个"零碳会议"。2023 年 6 月，厦门哈希科技有限公司、山东黄河三角洲人才发展集团等外省企业购买了包头林草碳票；10 月，浙江嘉兴以包头林草碳票为中和方式，将"嘉兴市质量检验检测认证协会成立仪式暨第一次会员大会"打造成"零碳会议"。

第十三章

加强科学研究：
林业在"双碳"
进程中的行动依据

国务院印发的《2030年前碳达峰行动方案》明确实施碳汇能力巩固提升行动，并把加强生态系统碳汇基础支撑作为行动的重要内容。要求依托和拓展自然资源调查监测体系，利用好国家林草生态综合监测评价成果，建立生态系统碳汇监测核算体系，开展森林碳汇本底调查、碳储量评估、潜力分析，实施生态保护修复碳汇成效监测评估。加强生态系统碳汇基础理论、基础方法、前沿颠覆性技术研究。本章选取中国林业科学研究院、国家林业和草原局林草调查规划院、浙江农林大学在森林碳汇现状与潜力、碳汇计量监测核算、竹林碳汇等领域开展的工作及取得的成果分享给大家，供工作中借鉴和参考。

第一节　中国林业科学研究院开展碳汇现状与潜力研究

研究清楚中国森林碳汇的现状与潜力，为国家决策提供科学依据，是巩固和提升森林碳汇能力的重要基础工作，是国家实现碳中和目标必须优先关注的重要事项。中国林业科学研究院对此高度重视，组成由朱建华研究员领衔的专门团队，通过总结和梳理近10年来有关中国森林碳储量和碳汇量的研究文献，探明中国森林碳汇现状和潜力以及对实现碳中和的贡献，分析当前碳汇现状和潜力评估的差距与不足，为加强未来碳汇计量与模拟预测研究，更好地支撑国家碳中和实施路径与行动方案的制定奠定了基础。

一、中国森林碳汇现状

（一）森林生物量碳

国家林业和草原局统计结果显示，2014—2018年中国森林生物质碳储量为81.3亿t（地上和地下生物量碳库分别为63.9亿t和17.3亿t），其中乔木林、竹林和特灌林生物质碳储量分别为75.8亿t、2.1亿t和3.4亿t，平均生物质碳密度分别为42.14t/hm²、32.76t/hm²和6.17t/hm²。同样基于森林资源清查数据的结果显示，2014—2018年中国乔木林生物质碳储量为76.7亿t，平均生物质碳密度为42.63t/hm²。基于中国森林样地调查的结果显示，2011—2015

年中国森林（不含竹林）的生物质碳储量为 103.5 亿 t，平均生物质碳密度为 55.91t/hm^2，明显高于上述基于森林资源清查的评估结果。中国森林生物质碳储量年变化量的评估结果为 1.167 亿~2.32 亿 t，不同研究结果之间差异较大。林地面积增加对于中国森林生物质碳储量增长起到了非常重要的作用，占比约 40.2%。中国竹林生物质碳储量年均增长 180 万 t 或 2440 万 t，两项研究差异较大。中国灌木林生物质碳储量年均增长 1600 万 t，中国灌丛生态系统生物质碳储量年均增长 350 万 t，因评估对象和面积差异导致两项研究结果可比性不高。森林之外的疏林、散生木和四旁树等其他林木生物质碳储量年均增长为 1 万 t、1400 万 t 或 2200 万 t，尽管因评估时段差异导致结果可比性不高，但一定程度上反映了国土绿化对增加生物质碳储量的贡献。

（二）森林死有机质碳

森林死有机质包括凋落物和枯死木，是森林生态系统重要组成部分，两者碳储量分别约占森林生态系统总碳储量的 6% 和 4%。基于文献数据的中国森林死有机质碳储量 7 亿 t，平均碳密度 4.6t/hm^2；基于实地调查数据的中国森林死有机质碳储量 3.7 亿 t，平均碳密度 1.90t/hm^2；中国森林死有机质碳储量年变化量为 670 万~2244 万 t，不同研究得出的中国森林死有机质碳储量及其变化量不确定性较高，但总体上呈增长趋势。

（三）森林土壤有机碳

不同研究团队评估的森林面积和土层厚度存在差异，中国森林土壤有机碳储量的结果有所不同。中国森林 0~100cm 土层深度的平均土壤有机碳密度范围总体为 106.16~144.89t/hm^2，中国森林表层土壤的平均有机碳密度约为 54.82t/hm^2（平均深度 17.3cm），年均增加约为 1172 万 t（平均深度 17.3cm）、1900 万 t（0~20cm）、3187 万 t（0~10cm）或 3341 万 t（0~30cm）。

（四）木质林产品碳

2000 年以来中国木质林产品碳储量呈高速增长趋势，2015 年全球木质林产品碳储量净增加量为 9143 万 t，中国为 4098 万 t。20 世纪 90 年代中国木质林产品碳储量年变化量为 616 万~1173 万 t，21 世纪前 10 年年均增长为 1671 万~2510 万 t，2010—2016 年年均增长 4098 万~7098 万 t，进口的木质林产品碳储量增长占国产木质林产品碳储量增长的 46%。

（五）森林生态系统碳

1999—2018 年，中国乔木林、竹林和特灌林生物质碳储量年均增长量分别达到 1.076 亿~1.842 亿 t、−290 万~2900 万 t 和 100 万~1860 万 t；森林生态系统中生物质、死有机质、土壤有机碳碳储量年均增长量分别为 1.26 亿~2.11 亿 t、440 万~2060 万 t 和 1580 万~3760 万 t。1999—2018 年，中国森林生态系统总碳储量年均增长 1.64 亿~2.53 亿 t，相当于清除大气二氧化碳 5.99 亿~9.25 亿 t CO_2e；森林之外的木质林产品和其他林木碳储量年均增加量分别为 3390 万~6410 万 t 和 90 万~2310 万 t，分别相当于年均清除大气二氧化碳 1.24 亿~2.35 亿 t CO_2e 和 320 万~8480 万 t CO_2e。

二、中国森林碳汇潜力

（一）森林生物量碳

2040—2049 年中国乔木林平均生物量碳密度将达到 48.22~69.22t/hm^2，乔木林生物质碳储量将达到 105.9 亿~145.7 亿 t。在面积扩增假设情景下中国乔木林生物质年固碳量到 2020—2029 年为 1.114 亿~2.324 亿 t，2030—2039 年为 0.97 亿~2.14 亿 t，2040—2049 年为 0.89 亿~2.04 亿 t。采取目标导向管理可以显著提升未来中国森林生物质年固碳量，将使 2050—2059 年中国森林生物质年固碳量从基准情景的 1.89 亿 t 提升到 2.53 亿 t。

（二）森林土壤有机碳

考虑未来森林土壤碳储量变化，不同情景下中国森林土壤碳储量年变化量将从 1990 年的 1841 万 t 缓慢增长到 2050 年的 2107 万~2907 万 t；在不同森林面积扩增情景下，2055—2060 年中国森林土壤碳储量平均年变化量将达到 0.30 亿~1.67 亿 t；不同情景下中国森林土壤碳储量年变化量也将从 2010—2019 年的每年 6850 万 t 增加到 2050—2059 年的每年 6740 万~9650 万 t。

由于不同研究对森林的定义有较大的差别，再加上数据来源、方法和参数、假设条件等存在差异，中国森林碳储量及其变化的评估预测结果存在较大的不确定性。未来需要在统一土地利用分类的基础上，明确森林面积及其边界的空间变化，综合考虑土地利用变化、气候变化和人为活动管理等的一些，全面评估森林生态系统各碳库和预测碳汇动态，有效支撑实现中国碳中和宏伟目标。

三、中国主要人工林碳储量与固碳能力

人工造林被认为是吸收二氧化碳、减缓气候变暖最有效且最具生态效应的增汇方法之一。中国人工林面积巨大，随着人工幼龄林、中龄林碳储量和碳密度的增长，中国森林植被的碳汇功能将进一步增强。加强对主要造林树种碳汇机理及其动态的研究，准确评估中国人工林的碳吸收量和吸收潜力，对全面了解我国森林碳汇潜力和支撑国际气候变化谈判具有重要作用。由朱建华研究员领衔的团队，以 2004—2008 年和 2009—2013 年两期中国森林资源清查的人工林乔木林资源数据为基础，估算了中国九种主要造林树种（杉木、杨树、桉树、落叶松、马尾松、油松、柏木、湿地松、栎类）的人工林碳储量和碳密度，分析了不同造林树种和林龄结构下的碳储量和碳密度差异，综合分析和评价了中国主要人工林不同林龄结构下的固碳功能，为以增强碳汇为目的的人工造林和人工林经营提供了参考依据。

（一）不同人工林的碳储量与碳密度

2009—2013 年，杉木林人工碳储量最高（2.54 亿 t），杨树次之（1.62 亿 t），栎类最低（753 万 t）；杉木人工林平均碳密度最高（28.41t/hm²），落叶松次之（23.87t/hm²），栎类最低（8.47t/hm²）。两次清查间隔期内，杨树和桉树人工林碳储量增量最大，分别增加了 5107 万 t 和 4981 万 t，年增加量分别为 1021 万 t 和 996 万 t，湿地松人工林碳储量有所下降，减少了 189 万 t；桉树和杨树人工林碳密度增幅最大，分别增加了 7.72t/hm² 和 4.43t/hm²，杉木和湿地松人工林碳密度有所降低，分别减少了 2.70t/hm² 和 1.10t/hm²。

（二）不同龄组的碳储量与碳密度

中国九种主要人工林的总碳储量由 2004—2008 年的 5.55 亿 t 增加到 6.82 亿 t，平均碳密度由 18.99t/hm² 增加到 20.61t/hm²。两次清查间隔期内总碳储量增加了 1.27 亿 t，其中，成熟林和过熟林碳储量分别增长了 59.3% 和 108.9%。2009—2013 年主要人工林各龄组碳储量大小依次为过熟林（3533 万 t）、幼龄林（1.10 亿 t）、成熟林（1.33 亿 t）、近熟林（1.44 亿 t）、中龄林（2.60 亿 t），碳密度大小依次为幼龄林（8.82t/hm²）、中龄林（24.01t/hm²）、近熟林（29.37t/hm²）、过熟林（30.89t/hm²）、成熟林（35.67t/hm²）。

中国人工林发挥了较强的碳汇功能，人工林碳储量的增长主要取决于面积和单位面积蓄积量的增加，且与造林树种、林龄结构密切相关。中国主要

人工林以幼龄林和中龄林为主，两者占主要人工林总面积的 71.8%，若能对现有的林分加以合理的森林抚育和管理，林龄结构还有很大提升空间，将能更好地发挥森林碳汇功能。

第二节　林草调查规划院全力参与全国林草碳汇计量监测体系方法研究

一、研究背景

为测准算清我国林业碳汇资源状况、科学阐明林业应对气候变化作用，支撑国家重大决策，2009 年启动实施了全国林业碳汇计量监测体系建设。依托国家林业和草原局林草调查规划院和华东调查规划院、中南调查规划院、西北调查规划院和昆明调查规划院（现西南调查规划院）成立了局碳汇计量监测中心和 4 个区域碳汇计量监测中心。

自 2009 年以来，原国家林业局造林司（局气候办）组织局碳汇计量监测中心和 4 个区域计量监测中心，动员全国力量，经过 7 年的技术准备、能力建设、试点运行和计量监测工作，扎实推动体系建设取得重大阶段性成果。开展了碳汇计量监测理论方法研究，编制了碳汇计量监测相关技术规范，实施了覆盖全国的森林碳库专项调查和首次（2014—2016 年）LULUCF 碳汇计量监测。初步建成了森林各类碳库测算模型和参数，湿地碳汇和木质林产品储碳测算的模型和参数研究取得突破，同时完成了相关重要年份中国森林植被碳汇测算工作，为体系的全面建成和有效运行奠定了坚实基础。

二、主要成果

（一）建立了全国林业碳汇计量监测的技术标准和规范体系

在研究国际方法学和 IPCC 相关指南的基础上，组织专家参加 IPCC 温室气体指南编制工作，借鉴国际最新理论和方法，深入研究 CDM 关于造林、再造林方法学及其工具，掌握项目层次的碳库测算基础理论与方法，充分利用我国已经建立的森林资源一类调查、湿地资源调查监测体系及二类调查数据、生态定位站观测研究成果等林业资源调查与监测相关成果，编制了我国林业碳汇计量监测技术指南、调查规范和技术规程等系列技术标准。截至2016年，共完成相关监测方案8项、检查方案3项、技术指南5项、技术标准7项。

（二）建立了全国林业碳汇计量监测基础数据库，形成了碳汇计量监测数据体系

按照森林碳储量与变化量计算的数据要求，分类整理第三至第七次全国森林资源一类调查成果数据，采用内插和外推方法，分别建立了1994年、2005年、2010年、2011年、2012年国家森林碳汇计量监测基础数据库。包括各省乔木林优势树种（组）和龄组的面积、蓄积量数据；各省的疏林、散生木、四旁树、经济林、竹林、灌木林面积和蓄积量等数据；各省乔木林和林木的净生长率、采伐消耗率数据，有林地面积转为非林地面积数据。在试点省开展森林资源二类调查成果数据、森林资源年度变化数据、"林地一张图"等碳库基础数据建设。辽宁和湖南等省已建立了自2005年起森林资源年度变化基础数据。省级单位的基础数据建设，为各省开展森林碳汇计量监测提供了支撑和服务。从我国《林业统计年鉴》收集了1990年后各年度全国及分省的木材和竹材产品产量统计数据，并从海关收集了相关木质林产品进出口数据，同时收集整理了FAO 1961—2016年我国木质林产品相关数据，建立了木质林产品数据库。

优先针对森林和湿地开展碳汇专项调查，获取建立森林五大碳库测算模型和参数所需的基础数据，以及湿地碳库和温室气体估算模型和排放参数。2012—2013年在23个试点省开展森林下层植被和土壤碳库专项调查，获取了森林下层植被和土壤碳库专项调查数据。基于全国气候分区和森林类型，将全国森林划分成72个建模类型，设计了碳汇专项调查样地4673块。每个类型样地数量安排了30~100个。在设置的样地中，选取不少于30%的样地开展土壤碳库调查，每个土壤类型不少于10个样地。同时，开展了325个特灌林样方调查，以获取特灌林的地上、地下生物量参数。专项调查每木检尺的活立木达20余万株，实际调查枯立木和枯倒木近1万株，分别调查灌木层、草本层和凋落物样方11236个、4086个和13265个，调查土壤样地1500个。专项调查样地共获取20余万条数据记录。很多省已将调查成果应用于本省森林碳汇计量工作。

在安徽省开展了湿地碳专项调查，获取了河流湿地、沼泽湿地、人工湿地三种类型共 60 个湿地样方 2408 条数据，包括湿地植物种类、盖度、平均高、地上生物量和地下生物量，土壤容重和有机质等指标，建立了三种湿地类型的活植被地上与地下生物量数据库、土壤容重和有机质数据库。

采用遥感技术，在全国按 24km×24km 间隔，系统布设 1.64 万个面积为 16km² （4km×4km）的碳汇监测样地，结合现有相关监测成果资料，采取遥感区划判读与地面验证调查相结合的方法，开展 LULUCF 碳汇计量监测，获取 2005 年、2013 年土地利用、森林植被及其他碳库基础数据，建立了全国 2005 年全国土地利用与林业基础数据库，2013 年土地利用变化与林业数据库。

（三）建立了森林碳库计量监测模型和参数，形成了较为完善的碳汇计量监测模型体系

基于已有的部分乔木树种单木和林分的生物量模型和参数的研究成果，搜集整理和系统研究国内外发表的相关文献和 IPCC 提供的模型和参数，经过甄别、筛选、分析、整理，形成了生物量异速生长方程、连续生物量转换因子模型和参数、平均生物量扩展因子模型和参数、基本木材密度、根茎比等乔木树种（组）碳汇的计量模型和参数库。

基于碳汇专项调查数据，建立 72 类森林下层植被碳库计量关系模型和参数、46 种森林土壤碳库参数，包括不同气候区、不同树种和起源的乔木林下灌木层生物量模型和参数。分温带季风气候区、温带大陆气候区和亚热带 3 个区的草本层生物量参数，各气候区、树种和起源的凋落物生物量模型和参数，不同气候区、森林类型枯死木生物量与森林蓄积量等因子间的关系模型，分气候区灌木林生物量参数，经济林单位面积生物量参数，土壤类型的容重、有机质和碳密度参数等。

基于现有研究成果，测算了全国乔木优势树种（组）、经济林和竹林平均含碳率，全树含碳率在 0.5361~0.4392。抽取 100 份灌木分器官（干、枝、叶、根）样品，测定出灌木含碳率为 0.465。抽取草本植物分地上和地下部分，测定其平均含碳率为 0.40。对森林植被的凋落物取样，并测定其含碳率，平均为 0.42。

基于上述乔木、灌木、草本、凋落物的碳库计量监测模型和参数，建立

了各省碳汇计算参数。乔木碳汇量计算参数为各省（自治区、直辖市）平均（D，BEF，R，CF）=各省（自治区、直辖市）分树种（D，BEF，R，CF）×相应树种第七次清查时蓄积量/各省（自治区、直辖市）第七次森林清查蓄积量。通过上述方法分别计算出各省（自治区、直辖市）的平均木材基本密度（D）、平均生物量扩展因子（BEF）、根茎比（R）、含碳率（CF）。结果表明，全国乔木林平均木材基本密度为 0.462、平均生物量扩展因子为 1.442，根茎比为 0.24，含碳率为 0.5。通过对国内外发表的文献成果进行整理、筛选和计算，建立了全国分省乔木林平均单位面积地上生物量参数。结果表明，全国乔木林平均单位面积地上生物量为 56.6t/hm²。从各省（自治区、直辖市）来看，西藏自治区最高，为 165.5t/hm²；上海市最低，为 15t/hm²。

（四）分年度测算了全国森林植被碳汇量，对比分析了我国森林植被碳汇量变化情况

根据我国第四次到第七次森林资源清查结果和变化特征，以省（自治区、直辖市）为测算单位，测算 1994 年、2005 年和 2010 年乔木林、经济林、疏林、四旁树、散生木的蓄积量、面积变化情况和森林碳汇量。

遵照《1996 年 IPCC 温室气体清单指南》关于林业清单编制方法及基础数据要求，结合我国土地利用变化和林业特点以及森林资源清查所获得的基础数据成果，确定编制 1994 年林业温室气体清单所涉及的森林资源清查次数。林业温室气体清单主要考虑人类活动引起的森林和其他木质生物量碳储量变化，对应我国森林资源清查的成果，包括活立木（乔木林、疏林、散生木、四旁树）、竹林、经济林生长碳吸收，以及森林资源消耗引起的碳排放。

森林年度碳汇量测算（森林和其他木质生物质碳储量变化）主要包括以下几点。

1. 乔木林年度生长吸收量

采用平均生物量扩展因子方法，分省测算乔木林年度生长吸收量，然后求和得到全国总的乔木林 1994 年生长 CO_2 吸收量。

1994 年乔木林二氧化碳总吸收量=1994 年乔木蓄积量×乔木年平均生长率×木材基本密度×平均生物量扩展因子×(1+根茎比)×含碳率×44/12

2. 疏林、四旁树和散生木年度生长吸收量

测算方法同乔木林。

1994 年疏林、四旁树和散生木年度二氧化碳总吸收量=1994 年疏林、四旁树和散生木蓄积量×林木年平均生长率×木材基本密度×平均生物量扩展因子×（1+根茎比）×含碳率×44/12

3. 竹林、经济林年度二氧化碳吸收/排放量

将 1994 年各省竹林（经济林）年变化面积与单位面积生物量相乘，加和计算 1994 年全国竹林、经济林二氧化碳吸收/排放量。

竹林（经济林）二氧化碳吸收/排放量=竹林（经济林）年变化面积×平均单位面积生物量×含碳率×44/12

4. 林木年度消耗产生的二氧化碳排放量

采用平均生物量扩展因子和单位面积生物量法测算。

林木年度消耗二氧化碳排放量=[（林木年度采伐量+林木年度枯损量）×木材基本密度×平均生物量扩展因子×（1+根茎比）×含碳率×44/12]−森林转化皆伐的年度碳排放量，其中：

林木年度采伐量=（年度乔木林蓄积量×乔木年度采伐率）+（疏林、散生木、四旁树蓄积量×林木年采伐率）

林木年度枯损量=（年度乔木林蓄积量×乔木年度枯损率）+（疏林、散生木、四旁树蓄积量×林木年枯损率）

森林转化皆伐的年度碳排放量=乔木林转为非林地的年转化面积×平均单位面积地上生物量×含碳率×44/12

根据《1996 年 IPCC 温室气体清单指南》，森林转化的碳排放分成现地燃烧、异地燃烧和腐烂分解三部分释放到大气中，三者加和即得森林转化碳排放。

森林转化碳排放=现地燃烧+异地燃烧+腐烂分解

现地燃烧=森林转化皆伐的年度碳排放×转化系数（15%)×氧化系数（0.9）

异地燃烧=森林转化皆伐的年度碳排放×转化系数（20%)×氧化系数（0.9）

腐烂分解=森林转化皆伐的年度碳排放×转化系数（15%）

测算结果表明，1994 年度中国森林二氧化碳净吸收量为 2.85 亿 t。乔木林生长吸收二氧化碳为 6.51 亿 t，疏林、四旁树、散生木吸收二氧化碳 1.10 亿 t，竹林吸收二氧化碳 0.11 亿 t，经济林吸收二氧化碳 0.53 亿 t；森林采伐

与枯损消耗排放二氧化碳 5.17 亿 t；森林转化排放二氧化碳 0.23 亿 t。

2005 年度中国森林二氧化碳净吸收量为 4.21 亿 t，其中乔木林生长吸收二氧化碳 7.56 亿 t，疏林、四旁树、散生木吸收二氧化碳 0.86 亿 t，竹林吸收二氧化碳 0.14 亿 t，灌木林吸收二氧化碳 0.89 亿 t，经济林排放二氧化碳 0.08 亿 t，森林采伐与枯损消耗排放二氧化碳 4.91 亿 t；森林转化排放二氧化碳 0.25 亿 t。

2010 年度中国森林二氧化碳净吸收量为 5.00 亿 t。活立木净碳汇量为 4.43 亿 t，竹林吸收二氧化碳 0.13 亿 t，灌木林吸收二氧化碳 0.44 亿 t，经济林吸收二氧化碳 0.12 亿 t；森林转化排放二氧化碳 0.12 亿 t。

从测算结果可以看出，中国年度净碳汇量增长明显，这与我国森林面积与蓄积量快速双增长密切相关。

（五）按照工作部署测算了 2020 年全国林草碳汇

2020 年全国林草碳汇计量分析，按照 IPCC 的温室气体清单编制方法学和要求，以林草土地利用变化区划判读结果为基础，综合多期全国森林资源清查结果数据，采集 2001 年以来全国及各省草原保护修复、1961 年以来全国木材产品产量与进出口贸易等活动水平数据，计算 2020 年各类林地、草地、湿地和收获的木质林产品碳储量和碳汇量以及动态变化，形成全国林草碳储量和碳汇量主要指标数据，编制了《2020 年全国林草碳汇计量分析主要结果报告》。该报告介绍了全国计量分析的主要结果，提出主要结论和建议，为评估生态固碳能力和碳汇效益、支撑国家应对气候变化对林草的宏观数据需求等提供依据。

2020 年全国林草碳汇计量分析主要结果如下：全国林草碳储量 885.86 亿 t，其中林地 656.86 亿 t、草地 162.14 亿 t、湿地 58.11 亿 t、收获的木质林产品 1.17 亿 t。全国林草碳汇量 12.62 亿 t CO_2e，其中林地 8.63 亿 t CO_2e、草地 1.06 亿 t CO_2e、湿地 0.45 亿 t CO_2e、收获的木质林产品 1.90 亿 t CO_2e。

第三节　浙江农林大学积极开展竹林碳汇研究与实践

一、研究背景

全球竹林总面积超过 3300 万 hm²，为世界第二大森林。我国有竹林 701 万 hm²，广泛分布于长江以南的 15 个省（自治区、直辖市）。竹子具有可再生、爆发式生长与隔年采伐特性，蕴含着巨大的固碳潜力，是应对气候变化不可或缺的战略资源。与普通森林相比，竹林生长利用方式迥异、分布破碎且面积持续异动，碳时空格局和碳源汇动态复杂。同时，人为干扰频繁、地下根鞭系统与地上植株互作繁杂，碳汇精准监测和增汇减排协同技术研发更具挑战性。我国竹林每年提供约 15% 的优质材料资源，形成巨大的竹材产品碳库。随着劳动力成本不断增加，竹产业压力日增，急需通过开发竹林碳汇拓展价值链。而国内外长期缺失竹林碳汇项目开发的方法标准，严重制约着竹林固碳功能评价、碳汇能力提升和碳汇产业发展，并使竹林难以进入国际森林减排范畴。

从 2002 年开始，浙江农林大学联合国际竹藤中心、中国林业科学研究院亚热带林业研究所、国家林业和草原局竹子研究开发中心、中国绿色碳汇基金会等 7 家单位，历经 15 年攻关，持续获得国家重点基础研究发展计划（973 计划）项目课题、国家自然科学基金等 28 项国家级项目资助，在多方面取得重大的理论与技术突破，开辟了竹林碳汇产业，拓展了竹产业链，使竹林碳汇进入国际森林减排范畴，提高了我国气候变化谈判的主动权，《竹林生态系统碳汇监测与增汇减排关键技术及应用》成果获 2017 年国家科技进步奖二等奖和 2012 年浙江省科学技术奖一等奖。

二、主要成果

①探明了竹林碳源汇特征、碳储量与空间分配格局，明确竹林是巨大的碳汇，澄清了是源是汇的国际争议，使竹林碳汇纳入国际森林减排范畴。创建两座竹林碳通量观测塔，增设无线传感结点，连续监测近 6 年，解决了多

方位通量贡献分解和多模态数据耦合校正难题，实现了不均一下垫面竹林碳源汇动态的精准监测，揭示了竹林碳通量过程和碳源汇动态特征。毛竹林全年均呈较强的碳汇过程，净固定 CO_2 量为 24.309t/hm²；雷竹林的源汇变化不稳定，净固定 CO_2 量为 4.631t/hm²；毛竹林的碳通量水平显著高于亚热带其他典型森林。中国竹林年净固定 CO_2 量约为 1.129 亿 t，是巨大的碳汇。

基于浙江等 7 个省份大范围的竹子植株、土壤样品采集分析，结合竹子碳储量模型，探明了我国毛竹、绿竹、麻竹、雷竹等十大重要竹种单株各器官的碳分异特征和竹林生态系统碳空间分配格局。不同竹种总体呈现竹秆>竹枝>竹叶的一致特征，各竹种不同器官平均含碳率水平在 0.4267~0.5210g/g；10 个竹种碳空间分配格局为：碳密度（单位面积碳储量）在 86.295~181.811t/hm²，其中，植被层占 9.07%~32.18%，土壤层占 67.20%~90.93%；丛生竹林单位面积平均碳储量为 134.210t/hm²；散生竹（毛竹林）单位面积碳储量为 106.362t/hm²，其中，植被层占 32.18%，土壤层占 67.20%，凋落物层占 0.62%。中国竹林生态系统碳储量约为 7.802 亿 t，是一个不可或缺的重要碳库。

通过调查浙江等 4 省 110 家竹加工企业并全程跟踪典型竹材产品的生产过程，探明了不同工艺、不同胸径竹材的碳转移率和产品储碳特征。采用传统加工工艺，综合碳转移率平均为 37.0%，采用先进的原竹展开技术，综合碳转移率可以提高至 52.4%~74.4%；竹材胸径对提高竹材产品碳转移率产生显著正向影响；中国每年约有 1340 万 t 的固碳量通过竹材采伐转移至竹产品中，形成巨大的竹材产品碳库。

②创建了多尺度地面、遥感联合监测技术体系，实现竹林碳时空动态的快速准确测算；创建竹林生态系统碳循环模型，实现了区域竹林碳的经营响应模拟和时空演变预测。竹子的胸径不会随着年龄的增长而变化，竹子胸径和年龄是影响毛竹植株碳储量的两个独立因子。要精准测算其碳储量，需要建立包含胸径和年龄的二元模型。通过实测解析大量毛竹全株样本数据，首次构建出毛竹单株的胸径、年龄二元生物量碳储量异速生长模型，精度达到 96.43%。调查分析 245 个毛竹林固定样地和 29951 株毛竹资料数据，首次构建出毛竹林胸径、年龄的二元韦布尔分布（Weibull Distribution）模型（R^2=0.9901），精确地揭示了毛竹林年龄与胸径的联合分布信息。综合上述模型，实现了毛竹碳储量从样地到区域的任意尺度转换和准确测算，突破了尺

度上推精度衰减的技术难题。

　　融合 SOPT、TM 和 MODIS 等多源遥感数据，综合对象、像元和子像元"三阶"竹林遥感信息特征，构建起多尺度竹林信息决策支持系统和提取方法，实现了县—省—全国范围竹林时空分布快速准确提取，县域尺度竹林面积信息提取精度达到 90.0% 以上，全国竹林分布信息提取精度为 81.2%，各省（自治区、直辖市）估算面积与全国资源清查面积的相关性达到 0.95，为干扰剧烈、持续异动的竹林面积信息更新提供了精确、及时、节约的技术支撑。

　　发明了基于模拟真实场景的遥感影像像元分解方法和端元提取技术，建立了毛竹林冠层参数的遥感定量反演模型，成功反演出毛竹林冠层郁闭度和叶面积指数，为构建竹林碳同化和碳储量的全遥感光合机理模型奠定了基础。通过变量筛选和参数优化，构建出 Erf-BP 神经网络模型和非线性偏最小二乘模型，模型拟合精度达到 90.0% 以上，比传统多元线性模型精度提高了 28.0%，为竹林增汇空间的准确辨识和林业温室气体清单编制提供了可靠的技术和数据支持。

　　基于 BIOME-BGC 模型和长期通量监测过程，融入竹林生长习性、大小年分配、隔年采伐等特征，设计竹林功能模块，构造竹林特征参数，创建竹林生态系统碳循环模型，实现了区域毛竹林 GPP、NPP 和 NEE 对经营措施与环境因子的响应模拟和时空演变预测。

　　③研发了以空间非空间结构同步优化、地上地下双向调控、硅肥和富硅生物质复合介入、废弃物炭化还林为核心的竹林增碳减排稳碳协同的四大关键技术，显著提升竹林净碳汇能力。建立 120 个"老竹—竹鞭—幼竹"液流长期测定系统，发现老竹与幼竹之间通过地下鞭根和液流驱动，进行非结构性碳（NSC）的强烈交互转移，2 度、3 度竹对幼竹的爆发式生长贡献最大，9 月后，NSC 转移才逐渐趋于停止；基于 LI-6400 长期光合测试发现，毛竹在 5 月和 10 月会出现两个固碳高峰，其最大净光合速率达 12.95mol/（m²·s），5 年生（3 度）毛竹仍具有较强的光合效率，7 年生（4 度）以后出现固碳效率衰减；构建了以固碳增汇为主要目标的毛竹采伐留养策略和林分结构优化技术，保留 3 度（含）以下竹，少留 4 度（含）以上竹，其各度竹的合理留养比例为 1 度 :2 度 :3 度 :4 度=3:3:3:1，立竹数为 3600~4362 株/hm²，采伐选在大年 11 月后进行，有利于避开固碳高峰；运用空间结构理论，揭示

了毛竹林固碳的集群效应和空间竞争关系，构建起固碳增汇的空间结构优化技术：当具有较高空间聚集度、年龄隔离度≥0.5、目标竹有4株最近邻竹时，毛竹林碳储量和固碳能力趋于最优。具有上述结构的竹林，结合钩梢处理还能显著增强抵御冰雪灾害的能力，受灾竹林1~2年后，年GPP即可恢复至正常水平的98.8%。

通过毛竹林长期定位试验发现，有机肥、化肥长期配合施用可以显著提高土壤总有机碳、微生物量碳、水溶性碳和矿化态碳含量，与单施化肥比较，有机碳储量提高 $4.475t/hm^2$，水溶性有机碳、微生物碳分别增加29.29%和26.08%。通过核磁共振波谱分析还发现，有机肥、化肥长期配合施用显著提高土壤有机碳的芳香碳含量和芳香度，从而提高了竹林土壤碳库的稳定性。发明了改良竹林土壤活性有机碳的肥料及施用方法，创制了生物质炭基土壤修复剂，每公顷竹林施入氮肥230~240kg、磷肥70~80kg、钾肥70~80kg，再加入5~10kg土壤修复剂，可以平衡土壤水溶性碳、微生物碳、矿化态碳，起到稳碳效果，并有效抑制土壤温室气体排放，使竹林土壤氧化亚氮年排放量减少20.5%，甲烷年吸收量增加25.3%。

发明了植硅体碳含量测定的新方法——碱溶分光光度法，比传统方法检测效率提高10倍以上；揭示了竹林的植硅体碳特征，竹子各器官植硅体碳含量大小为：竹叶>竹秆>竹根>竹鞭>竹蔸>竹枝，主要储存于竹叶中（约占60%），毛竹林、雷竹林土壤植硅体碳积累速率［分别为0.06t C/（ $hm^2 \cdot a$ ），0.079t C/($hm^2 \cdot a$)］，远大于其他森林土壤［0.024t C/（ $hm^2 \cdot a$ ）］；研究表明，中国10个竹种植硅体碳通量平均达0.033t C/($hm^2 \cdot a$)，竹林植硅体碳年储量为13.6万t。发明了提高竹林植硅体封存有机碳的方法，通过施用硅肥并采用富硅生物质覆盖技术，雷竹林土壤植硅体封存有机碳年积累速率达75~85kg C/ hm^2 ，比对照提高了2.2~3.5倍。将鲜笋壳、鸡粪、无机肥、中微量元素添加剂按2∶3∶4∶1比例混合，经粉碎、发酵、造粒等处理环节形成复合肥；将竹枝和竹材加工废弃物高温热解并加入10%~30%的氢氧化钾制成竹基生物质炭钾肥，可以捕捉热解过程的 CO_2 释放；两者按9∶1混合施入土壤中，既增加竹林生物量和土壤有机碳储量10.0%~12.5%，又减少了竹林废弃物的碳排放。

④研发出5项国家、国际标准的竹林碳汇项目方法学，填补了国内外空白，开辟了全新的竹林碳汇产业。提出了以积累碳汇为主、多效益兼顾的竹

子造林和经营标准技术；融入全生命周期竹林碳过程特征，创建了不同情景下（基线情景、项目情景）竹子地上生物量碳、地下生物量碳、土壤有机碳和竹产品碳年际变化的八种计量方法模型；标定了竹子含碳率、地下地上生物量之比、碳转移率、竹产品衰减系数等 10 项计量参数值；建立包含 19 个竹种、48 个模型的竹子生长模型库；形成《竹林项目碳汇计量监测方法学》《竹子造林碳汇项目方法学》《竹林经营碳汇项目方法学》，分别通过国家林业和草原局和国家发展和改革委员会审核备案，解决了竹林碳汇进入碳市场的技术瓶颈，开辟形成全新的竹林碳汇产业。

通过竹林碳汇研究与实践，研究团队发表学术论文 277 篇（其中 SCI 收录 106 篇，累计影响因子 242.8；一级期刊 81 篇），授权国家发明专利 13 件，软件著作权 16 项，出版专著 9 部，在联合国气候大会上提交竹子应对气候变化技术报告 6 份。已累计开发竹林碳汇项目超过 2.77 万 hm^2，共产生核证减排量 528.2 万 $t\ CO_2e$，通过国家发展和改革委员会审核，获得额外碳汇收益 2.64 亿元；已在浙江、安徽、福建、江西等地累计推广竹林提质增汇减排面积 33.53 万 hm^2，年均增加固碳量 150.9 万 $t\ CO_2e$，增加竹材和碳汇综合收益 9.05 亿元，经济、社会和生态效益显著。

第十四章

开展试点示范：林业在"双碳"进程中的推陈出新

坚持试点先行，不断积累经验，是党和国家推动各项工作的重要方法，也是贯彻从群众中来、到群众中去的群众路线的重要体现。试点工作坚持尊重群众首创，问需于民、问计于民、问效于民，对于增强林业碳汇工作的针对性、创造性、有效性，充分发挥示范功能，对推动整体工作提质量、上水平具有重要实践价值。本章向大家分享福建省南平市、三明市和龙岩市，诺华川西南林业碳汇、社区和生物多样性项目，中国林业集团有限公司重庆国家储备林固碳增汇能力建设方面的试点经验，供大家参考和借鉴。

第一节　福建省碳汇试点工作亮点纷呈

一、南平市推动"一元碳汇"模式走深走实

南平市是福建省最大的森林"碳库"。近年来，南平市积极探索碳汇价值创造和实现路径，取得显著成果。2019 年，南平市顺昌县在全国首创"一元碳汇"试点项目，以 1 元 10kg 价格向社会公众销售"一元碳汇"。如今，"一元碳汇"模式得到持续优化，管理工作进一步加强，助力共同富裕前景更加广阔。

（一）完善了项目方法学

一是实施范围有拓展。实施对象从脱贫村、脱贫户拓展至所有村集体和林农，破解林农和村集体林地林木碳汇项目开发难和交易难。二是额外性有增强。用项目碳汇量减去基线碳汇量（全省森林碳汇量平均水平），计算实际碳汇贡献。三是发挥优势有作为。碳汇量计算的数据来自"福建省森林资源管理系统"，由当地林业局提供和确认。完善后的方法学已在市生态环境局备案。

（二）规范了开发交易行为

一是简化了项目开发程序。林农或村集体委托本市注册的林业企业、国有林场、公益机构作为代理业主，加快项目开发节奏，开发周期由 1 年左右缩短至 4 个月。二是降低了开发成本。将福建省内具有林业调查规划设计乙级以上资质的单位纳入项目核证单位范围，将每个项目开发成本由 40 万~50

万元降到 15 万元。三是设立了交易平台。南平市产权交易中心有限公司搭建市级项目交易平台（含微信小程序），制定交易规则，实现快速、便捷销售及结算。四是强化了资金监管。销售收入扣除项目开发和交易成本后，直接拨付给林农或村集体；村集体收益可用于林业发展、乡村振兴、公益基础设施等用途。

（三）审定了一批碳汇项目

2019 年 3 月 7 日，市林业局等部门印发《关于推广"一元碳汇"的通知》。3 月 31 日，召开了"一元碳汇"项目开发工作推进会。10 个县（市、区）各开发 1 个"一元碳汇"项目，县（市、区）林业局对项目申报材料进行了初审，市林业局完成了复审。10 个项目开发面积 1.67 万 hm^2，其中森林 2653.33hm^2、竹林 1.4 万 hm^2，预计第一监测期（计入期前 10 年）备案碳汇量 62.29 万 t CO_2e。福建省顺昌县国有林场为项目技术咨询机构，北京中创碳投科技有限公司为项目审核机构。项目开发工作已经全面完成。

（四）创新了碳汇经营主体

充分发挥国有林场的专业经营管理优势，推广"森林生态银行""一村一平台、一户一股权、一年一分红、一县一数库"林业股份合作经营模式。组织推动各县（市、区）建立森林资源开发运营中心，建立村级森林资源开发运营管理平台（林业经济服务联社），村级运营平台与林农签订合同，"森林生态银行"再与村级运营平台签订合作协议，由"森林生态银行"对碳汇资源进行设计、开发和交易，"森林生态银行"与村级运营平台实行收益分成，村级运营平台分得收益后再按股权分配到户。国有林场不用再一家一户去做工作，集中精力对合作经营的森林资源进行高标准经营，从而把森林生态产品价值更多地创造出来，为碳中和准备物质条件。目前，"森林生态银行·四个一"林业股份合作经营模式推广面积已达近 8000hm^2。

二、三明市大力实施"三建两创"，提升林业碳汇工作水平

2021 年以来，三明市大力实施林业碳汇"三建两创"行动，积极探索生态产品价值实现机制，持续推进碳汇项目开发及交易，创新碳中和及"碳汇+生态司法"等应用场景，成功承办首届全国林草碳汇高峰论坛，获批国家林业碳汇试点市。主要做法如下。

（一）建好森林碳库

实施森林增绿、增质、增效固碳工程和森林减灾工程。大规模开展国土绿化，扩大森林面积。2022 年，全市完成植树造林 1.51 万 hm²，森林抚育 4.21 万 hm²，封山育林 1.25 万 hm²。推行森林全周期经营、目标树经营、近自然经营等措施，加快实施国储林质量精准提升工程项目。2022 年，完成国家储备林基地建设 1.44 万 hm²。推进林分改造提升，优化林分结构。2022 年，完成松林改造提升 2.37 万 hm²。2022 年全市林业有害生物防治率 83.4%、成灾率 0.4‰。森林火灾受害率为 0.017‰，远低于 0.8‰ 指标值。

（二）建立林业碳汇项目开发机制

一是强化林业碳汇计量评估。据北京林业大学评估，三明市森林每年固碳增量约 1170 万 t。二是创新林业碳汇项目方法学。2017 年 12 月，与福建省林业科学研究院共同开发完成《森林停止商业性采伐碳汇项目方法学》。近期又针对公益林、天然林、重点区位商品林等积极开发新的方法学并取得积极进展。三是做好林业碳汇项目储备。目前，全市共策划生成林业碳汇项目 15 个、总面积近 10 万 hm²。

（三）建设区域碳汇交易体系

一是打造区域林业综合交易中心。2022 年 9 月开业至今，实现林业类标的成交总金额 8.26 亿元，平均溢价率达 13.82%，实现增值收益 7243 万元。目前，该交易中心正加强与上海联合产权交易所对接，在多方面加深交流与合作。二是积极开展林业碳汇交易。依托省内外碳交易市场或自愿减排交易市场等积极开展交易，全市林业碳汇交易额达 2792 万元，交易量和交易额均为全省第一。

（四）创新林业碳票制度

一是创新计量方法。采用森林碳储量的增加量衡量森林碳汇能力，准确反映林业在实现碳中和愿景中的实际贡献。二是创新管理制度。对林业碳票的制发、登记、流转、质押、抵销、管理和监督等进行规范，为林业碳票项目开发和交易提供保障。三是创新开发对象。碳票项目开发不限林种、不限经营主体，有效破解天然林、非企业法人森林无法参与开发难题。全市累计开发林业碳票项目 43 个、碳减排量 98.8 万 t CO₂e，实现交易和再交易 150 万元。四是创新林业碳票收储机制。鼓励碳服务机构或国有企事业单位采取保底收购、溢价分成的办法收储林业碳票，解决林农"手中有票、身上没钱"

的问题。三明市林业碳票改革受到中央全面深化改革委员会办公室、国家林业和草原局、福建省委全面深化改革委员会办公室肯定，列入自然资源部《生态产品价值实现案例》，被多个地区所借鉴。

（五）创新碳汇应用场景

一是"碳汇+碳中和"。出台大型活动和公务会议碳中和实施方案，推动市域内举办的会议、论坛、展览、赛事、演出等大中型活动，优先购买林业碳票或通过营造碳汇林的方式实现碳中和。第 44 届世界遗产大会、2021 年中国金鸡百花电影节、2022 年习近平生态文明思想理论与实践研讨会、首届全国林草碳汇高峰论坛等会议活动以此实现了碳中和。

二是"碳汇+生态司法"。建立全市"碳汇+生态司法"工作机制，允许损害生态环境的被告人通过购买林业碳汇（碳票）对受损的生态环境进行替代性修复。目前，全市两级法院共适用认购碳汇碳票案件 49 件 85 人，认购碳汇 7793.61t，认购林业碳票碳减排量 2 万 t CO_2e。

三是"碳汇+金融"。探索林业碳票贷款和保险，兴业银行三明分行、中国邮储银行三明分行、中国农业银行三明分行、福建沙县农村商业银行等发放林业碳票授信贷款 500 万元、质押贷款 151 万元、"福农·碳票贷"30 万元，中国人民财产保险股份有限公司三明市分公司为林业碳票持有人的碳票价格提供保险。中国工商银行三明分行累计投放助力绿色产业发展碳汇林贷款 1.5 亿元。国有林场林业碳汇指数保险为沙县官庄国有林场提供了 76 万元碳汇损失风险保障。

四是"碳汇+信用积分"。通过购买碳票抵销碳足迹获取碳积分，将碳积分与礼品和服务兑换、银行信用贷款等激励措施对接，引导公众购碳抵排。

三、龙岩市推进森林碳库建设，扎实做好碳汇项目开发

近年来，龙岩市林业局以国家林业碳汇试点市建设为契机，充分发挥森林资源优势，开发林业碳汇项目，促进森林固碳增汇，开展林业碳汇创新，积极为全国林业碳汇工作提供可复制可推广的"龙岩经验"。目前，全市林木碳储量达 0.8 亿 t；成功完成林业碳汇交易 33.3 万 t、成交金额 419.8 万元。

（一）科学建设森林碳库，巩固提升森林碳汇能力

一是持续推进国土绿化。不断加大造林绿化力度，不断增加全市森林资

源总量，在维护森林生态安全的同时，有效地增加了森林碳汇。持续推进大规模国土绿化行动，广泛开展全民义务植树活动，充分调动各类社会主体造林绿化。2023年，全市累计完成植树造林1万hm^2，森林抚育2.67万hm^2。

二是不断改善森林质量。以实施森林质量精准提升工程为抓手，全力实施了国土绿化试点示范项目、九龙江流域山水林田湖草沙一体化保护和修复项目、武夷山森林和生物多样性保护项目、国家储备林基地建设项目等，大力实施以森林抚育、退化林修复、林分改造提升、大径材培育等为重点的森林经营，不断提高单位面积森林的储碳能力，全市森林蓄积量1.57亿m^3，储碳能力明显提升。2023年，在全国率先实施的国土绿化试点示范项目以优秀的成绩通过了国家林业和草原局的验收，得到财政部、国家林业和草原局的充分肯定。

三是开展碳汇树种选育。着力实施闽西珍贵阔叶用材树种选育和推广技术研究，开展以闽西珍贵阔叶用材树种为研究对象的种质资源调查、选优以及育苗实验，并开展多树种多密度造林试验，选育出速生、优质、适应性强的优良乡土阔叶树种。在此基础上，选育适合本地生态系统的碳汇树种。目前，已完成14个闽西乡土阔叶树种的优树筛选评价，正在开展4个阔叶树种的育苗试验。

四是共享绿色惠民成果。坚持开展森林城市、森林小镇、森林村庄建设，深入推进森林公园、湿地公园建设，努力增加生态产品供给，让群众更便捷地享受绿色生活，增强群众爱护森林、保护生态的积极性和主动性。全市共有13个乡镇评为省级森林城镇，161个乡村评为省级森林村庄，城市森林资源和森林碳汇明显增加。

（二）建设先进研究平台，打造森林碳汇科研样板

充分发挥生态区位和森林资源的优势，依托龙岩国家现代林业科技示范园区，吸引了1位院士、2位杰出青年专家、25位教授入驻园区开展森林生物多样性与碳汇能力提升机制研究与示范，在上杭县白砂国有林场建立了国际领先的林业碳汇研究实验平台。

一是打造福建师范大学通量—大气—遥感观测平台。该平台于8月10日启动试运行，通过将单塔的点观测变成双塔的面观测，帮助实现森林固碳能力更加精确的计算。该平台结合无人机技术、卫星遥感数据及生态模型模拟等，形成"天—空—地"多维观测体系，用于森林碳汇和气候变化方面的研究，增强我国在碳汇计量与核算方法上的国际话语权。

二是打造"全球气候变化背景下树种多样性、功能特性与生态系统功能试验平台"。选择 32 个树种，布设 300 个样地，按照 1、4、8、16、32 个树种搭配开展实验，探索树种组成的改变和多样性增加对森林生态系统生产力、碳汇潜力、养分循环及其他生态系统服务功能的影响及相关机理，为亚热带森林经营及应对气候变化提供科学参考。

三是打造森林经营管理与森林碳汇试验示范平台。选择 11 个树种，布设 138 个样地，采用水土流失控制、密度控制、施磷肥控制和树种选择，研究水土流失控制、增加造林密度对提升森林生物量与森林碳汇能力的影响。

四是打造国内首个树种菌根类型与森林生态过程长期试验平台。通过选择亚热带常见的杉木、木荷、米老排、枫香等四种丛枝菌根和马尾松、江南桤木、米槠、闽粤栲等四种外生菌根树种，建立树木单种和混种长期试验，结合植物、土壤、微生物等多学科研究手段和方法，解决不同菌根类型森林与菌根植物多样性对提升森林养分循环、森林土壤碳库的影响。

（三）稳步推进项目开发，助力碳汇经济价值实现

一是深化央地合作，加快推进中林（龙岩）国家储备林落地。项目建设规模 12.13 万 hm^2，拟年贡献森林碳汇 200 万 t，投资额 90 亿元。该项目通过规模化、集约化、现代化经营，将更好推动龙岩林业高质量发展，为革命老区高质量示范区建设提供有力支撑。该项目计划 2023 年完成林地收储 4 万 hm^2，目前已获批贷款 22 亿元，完成林地收储 1.55 万 hm^2。

二是加强省地合作，试点开展林业碳中和项目建设。2022 年，福建省林业局在龙岩市实施了 5 个碳中和林建设试点项目，探索广义碳中和林业碳汇价值实现机制，建设面积 1.69 万 hm^2，设立监测样地 213 个，监测期为 2 年（2022—2023 年）。目前已完成第一年项目监测，正在实施第二年项目监测。

三是推动互利合作，打造碳排放企业与林权单位合作模式。2023 年 1 月，上杭县白砂国有林场与紫金矿业集团签订林业碳汇合作协议，深化绿色低碳研究合作，共同开展林业碳汇期货、矿区造林增汇、林业碳汇项目开发、林草碳汇价值实现等方面研究。紫金矿业集团计划投资 1000 万元，与林场共同建设 133.33hm^2 林业绿碳示范基地。

四是积极参与交易试点，主动开发 FFCER 碳汇项目。龙岩市成功开发 FFCER 产品 5 个，总规模 17787.1hm^2。预计 20 年可产生碳汇量总计

106.037 万 t CO_2e。目前已有两个项目成功实现交易，交易林业碳汇量 33.3 万 t CO_2e、成交额 419.8 万元。

五是首创森林碳汇赔偿机制。2022 年，龙岩市林业局结合自身森林资源丰富的特点，联合市中级人民法院率先出台了《龙岩市关于在刑事犯罪案件中开展司法修复森林碳汇补偿机制的工作指引（试行）》，推动受损森林资源从传统"补种复绿"直接修复拓展为林业碳汇损失赔偿。同年 9 月，福建省高级人民法院和省林业局在全国率先出台了《关于在生态环境刑事案件中开展生态修复适用林业碳汇赔偿机制的工作指引（试行）》，龙岩经验在全省推广。该创新机制写入了全国两会最高人民法院院工作报告，并在全国形成良好的示范效应。

第二节　诺华川西南林业碳汇、社区和生物多样性项目效益显著

一、项目背景

诺华川西南林业碳汇、社区和生物多样性项目位于全国最大彝族聚居区的凉山州，是《中国生物多样性保护战略行动计划》中 32 个生物多样性保护优先区之一，即横断山南段生物多样性保护优先区，同时也是大熊猫等珍稀濒危物种的重要栖息地。由于 20 世纪 50—60 年代人类长期不合理的林地资源利用，致使该地区森林植被锐减且一直未得到有效恢复；项目区土地退化严重，大多数地块处于石漠化状态，水土流失严重。

项目旨在通过造林从大气中吸收二氧化碳，增强生物多样性保护，提高其对气候变化的适应性和水土保持能力；增加当地社区收入，促进乡村社区发展，推动乡村振兴；探索困难地造林增汇的关键技术和模式。

为实现上述目标，项目总投资约 1 亿元，在凉山州 5 个县和 2 个自然保护区的部分退化土地上建设多功能人工林，营造的树种有冷杉、云杉、华山松、桤木、柳杉等，预计在 30 年的计入期内产生 120.6 万 t CO_2e 的核证减排量。2013 年 2 月项目通过国家发展和改革委员会审核批准并在联合国清洁发

展机制执行理事会（以下简称 CDM EB）成功注册，2013 年 3 月获得气候、社区及生物多样性联盟（CCBA）金牌认证。"诺华川西南林业碳汇项目"是中国第一个基于气候、社区和生物多样性标准（CCB），与外资企业直接合作、将未来碳汇资金提前支付用于造林的 CDM 项目，也是诺华集团在全球实施的第三个利用森林碳汇"抵销碳足迹"的项目。

二、主要做法

（一）加强组织领导，落实工作责任

项目设立指导委员会，由四川省林业和草原局、诺华集团、诺华集团（中国）、大自然保护协会（美国）北京代表处、山水自然保护中心、四川省大渡河造林局有限公司、凉山彝族自治州林业和草原局组成，采用会商机制解决项目运行过程中的重大问题，对影响项目进程的重大事项作出决策。下设专家委员会，负责提供项目技术支撑；协调办公室（设在四川省林业和草原局生态保护修复处），负责项目运行的协调管控。

（二）建立规章制度，严格项目管理

四川省大渡河造林局有限公司为项目实施主体，与项目县林草局或自然保护区管理处签订项目造林实施合同，由项目县林草局或自然保护区负责所在县的项目实施；大渡河造林局有限公司与凉山彝族自治州林业科学研究所签订工程监理合同，由凉山彝族自治州林业科学研究所负责项目施工质量监理。为科学管理项目，项目协调办先后组织制定了项目管理办法、财务管理手册、造林成效检查验收办法、建设期资金结算办法、运行期森林管护实施方案，分县分年度编制了造林作业设计（实施方案）、围栏建设工程实施方案等。建立健全了一系列管理制度和办法，并开展专题培训、研讨，明确了工作程序。

（三）创新经营模式，狠抓造林管护

项目由大渡河造林局有限公司作为实施机构负责统一管理，个人和集体土地所有者无偿提供土地给项目，大渡河造林局有限公司和土地所有者分别签订土地使用合同。项目实施采取村民自建、招标给专业队伍或造林大户承包，广泛动员当地社区群众参与，使贫困群众通过投劳增加收入；在新造林管护上，配备管护人员常年巡护，建设围栏防止牛羊损毁，设置宣传碑牌和制定村规民约引导村民共同管护。

（四）做好沟通协调，注重多方合作

项目涉及参与方多，多层次、全方位的沟通协调尤为重要，项目各方就许多重大问题进行了广泛的讨论和充分的协商，形成许多共识。诺华集团对造林难度大而导致实际成效可能低于预期，以及项目期内减排量达标存在较大不确定性表示理解，更加认同项目在气候、社区和生物多样性方面发挥的多重效益，并根据造林后的管护实际追加了预算外围栏建设资金300余万元。

（五）坚持科技支撑，强化宣传交流

项目充分发挥专家委员会的作用，在地块选择、种苗选育、整地栽植等各个环节都按指导意见进行作业。项目注重人才培养，围绕项目开发等内容开展了6次培训，项目管理培训6次；各项目县围绕事前技术和劳动安全培训17次，大大提高了项目管理能力和实施水平。项目还十分注重宣传交流，通过多种方式扩大项目的社会影响和示范引领效应，除举行了项目启动暨新闻通报会和造林启动仪式外，还组织了4次较大规模的媒体现场采访活动和多次文字、电话采访，多家媒体给予了关注、报道，2018年成功举办"诺华川西南林业碳汇、社区和生物多样性项目"成果报告会暨"应对气候变化企业可持续发展峰会"。

三、主要成效

（一）造林成效总体良好

项目完成造林3985.1hm^2，栽植和补植冷杉、云杉、华山松等各类苗木约2100万株。经检查验收，总体成效较好，项目地块植被正在逐步得到恢复。

（二）带动社区村民增收

村民通过参与项目整地、栽植、补植补造、围栏建设等获得的劳务收入已超过2600万元，在项目区培育苗木获得收益1300余万元，项目区村民人均增收2160余元。项目后期的抚育管护还将持续带来近50个长期的生态管护岗位和短期除草、间伐、采伐短期工作获得劳务收入。

（三）栖息地生物多样性增加

项目所在地区也是中国生物多样性最富集区和全球生物多样性保护的热点地区和大熊猫的重要栖息地。项目通过在3个保护区内及其周边社区的退化土地上应用当地树种恢复森林植被，增强了保护区之间及其周边缓冲带和走廊带森林的连通性，扩展和改善了大熊猫等野生动物的栖息环境。

（四）项目管理能力增强

在项目开发、执行过程中，相关专家围绕应对气候变化和林业碳汇主题，为项目的管理和技术人员开展了一系列的培训，让他们了解项目概念，熟悉国际、国内关于林业碳交易的模式和机制，提升项目管理能力。

（五）示范效应初显

该项目是中国四川省在联合国成功注册的最大的林业碳汇项目，它为林业碳汇项目的开发实施和研究提供了范例，得到社会各界的广泛关注，部分机构依托项目开展了专题研究或申报了重点课题，完成硕士论文 2 篇（《森林碳汇与川西少数民族贫困地区发展研究——基于凉山越西碳汇扶贫的案例分析》和《林业碳汇经济效益研究》），发表学术论文 10 余篇。

（六）获得国内外殊荣

诺华川西南林业碳汇项目自 2015 年被评为中国企业公民优秀公益项目以来，先后获得国内外殊荣十余项，诺华川西南林业碳汇、社区和生物多样性项目团队获"全国生态建设突出贡献先进集体"称号。近年来，项目入选"生物多样性 100+全球典型案例"和《中国落实 2030 年可持续发展议程进展报告》，获保尔森可持续发展奖——自然守护类别·优胜奖。

四、主要经验

（一）组织领导是项目的保障

项目选择在生物多样性富集而又贫困的少数民族地区实施，具有其特殊性、复杂性和艰巨性。四川省委、省政府和省林业和草原局高度重视，省领导作出重要批示，把开展林业碳汇工作作为推进绿色发展和生态文明建设，实施绿色减贫和生态扶贫的新契机、新途径。项目建立了"两委一办"（项目指导委员会、专家委员会、协调办公室）的管理架构，为项目有效运行提供了组织保障。在高层领导的推动下，各参与方对项目的认识不断提高，统一了思想，明确了目标，形成了合力，有力推动了项目实施。

（二）多方合作是项目的基础

项目从开发、申报、认证到注册，涉及技术面广、程序复杂、利益相关方多，既有各级政府及其林业主管部门，又有国际国内的社会组织和科研单位，更有项目区的村社，以及资助方和项目实施机构，还涉及项目主管部门、第三方核查和注册批准机构，是一个国际国内层面、参与单位众多、涉及人员广泛、交流内容深入的跨部门、跨学科的合作项目。项目组织开展的一系列研讨、培训、考察、工作推进、计划会议等活动，为各个参与方搭建了学习交流的平台，增强理解，增进友谊，有效的沟通和融洽的交流为项目成功开发和顺利实施奠定了坚实的基础。

（三）社区参与是项目的关键

项目地块 68.1% 属于村集体或村民所有，国有地块也主要依托当地村民开展具体造林等工作，社区是项目实施主体。在项目开发阶段，通过参与式评估方法使村民参与到项目地块确定和树种选择，充分体现了大多数村民的意愿，提高了项目的可操作性。在项目实施阶段，主要依托当地社区组织劳动力完成项目的整地、栽植、抚育等工作，并通过社区落实管护措施和责任，社区既是项目主要受益者，也是项目实施主体，社区充分参与是保证项目成效的关键。

（四）资金落实是项目的根本

林业碳汇造林项目涉及开发、核查、申报、注册、实施、监测以及技术培训等诸多环节，加之造林地立地条件差，难度远远大于一般造林项目，投入的资金远高于国家工程造林项目补助标准，充足的资金是项目顺利进行的根本保证。诺华集团为项目开发、审定和运行管理提供了所需资金，及时、足额按项目计划拨付了施工费用，并充分理解和考虑项目实际，追加了管护围栏的投入；省林业和草原局全力支持落实了配套项目投入，大渡河造林局和项目州县也努力筹措资金保证项目的运行投入。

第三节　中国林业集团着力提升国家储备林固碳增汇能力

一、建设背景

重庆市地处四川盆地边缘，具有典型的亚热带气候特征，林木生长量是全国平均水平的 2~3 倍。重庆市可用于集约人工林栽培的疏林地、无立木林地及宜林地等林地 16.67 万 hm^2。另外，结合新一轮退耕还林，新造林地面积达 20.67 万 hm^2。重庆市有健全的林木种苗选育、繁育、生产条件，为国家储备林项目建设提供了良种壮苗生产基础。

国家林业和草原局与重庆市政府给予贷款贴息支持，国家开发银行给予长周期、低利率贷款支持。重庆市政府将国家储备林列入全市重点项目加以推进。国家林业和草原局国家储备林工程技术研究中心落地重庆。通过中国林业集团与重庆林投公司央地合作，对公司进行了重组，既解决了投入问题，又不增加政府债务或隐性债务。重庆国家储备林迎来了大发展的机遇。

二、建设进展

（一）科学编制国家储备林建设规划

2019 年，重庆市政府与国家林业和草原局、国家开发银行签署了《支持长江大保护共同推进重庆国家储备林等林业重点领域发展战略合作协议》，确定投资 193 亿元支持重庆市先期实施建设国家储备林基地 33.33 万 hm^2，新增森林面积 10 万 hm^2，提高全市森林覆盖率 1.2%；培育生产木材 1 亿 m^3、薪材 770 万 t、经济林产品 10 万 t；改扩建储备林种苗基地 533.33hm^2、新建木材储备加工贸易基地 273.33hm^2，新建森林康养基地 4000hm^2；同时培养一批会管理、懂技术的农民科技人员。

目前，重庆国储林项目建设布局在主城都市区、渝东北三峡库区城镇群和渝东南武陵山区城镇群 3 个区域，包括 37 个区县（自治县）和重庆高新区、万盛经济开发区。其中主城都市区共规划集约人工林栽培面积 1.88 万 hm^2、现有林改培 5.55 万 hm^2、森林抚育 2.24 万 hm^2；渝东北三峡库区城镇群共规划集约人工林栽培面积 5.14 万 hm^2、现有林改培 7.24 万 hm^2、森林抚育 1.59 万 hm^2；渝东南武陵山区城镇群共规划集约人工林栽培面积近 3 万 hm^2、现有林改培 5.88 万 hm^2、森林抚育 8366.67hm^2。

该项目分两期建设，第一期建设期为 2019—2026 年，投资 125 亿元建设储备林基地 22 万 hm^2，其中集约人工林栽培面积 6.67 万 hm^2、现有林改培 12 万 hm^2、森林抚育 3.33 万 hm^2。第二期建设根据第一期建设情况适时启动，周期不超过 8 年，其中集约人工林栽培面积 3.33 万 hm^2、现有林改培 6.67

万 hm^2、森林抚育 1.33 万 hm^2。配套新建林区硬化公路 1625km，维修林区道路 1018km，新建防火林带 1418km，新建简易管护房 16840m^2；购置营造林机械 3400 套，采运机械 95 套；改扩建种苗基地 553.33hm^2，林下种植 1.33 万 hm^2，建设森林康养基地 4000hm^2；开展市级培训 10200 人次，开展县级培训 13600 人次。

（二）加强国家储备林管理体系建设

一是做好林地流转工作。探索创新林地流转模式，有效推进林地收储工作，采取国有林地入股和集体林地收储两种方式扩大国家储备林经营规模。国有林地入股应选择未纳入公益林、自然保护地、国家特别规定灌木林等的人工商品林，具备完整清晰的产权证明和完整的林地经营权、林木所有权及林木经营权，无任何纠纷和抵押。通过前期准备、法律调查和森林资源调查、资产评估，经过公示与备案，办理产权登记和出资证明。集体林地收储内容包括林地经营权、林木所有权和林木使用权，期限为 30 年以上，收储对象包括：未划入自然保护地和生态保护红线的人工商品林，退耕还林地以及可调整为人工商品林的地方公益林。要求林地权属清晰、无矛盾纠纷，不与基本农田重叠，立地条件较好，坡度较缓，土层较厚，集中连片 53.33hm^2 以上，单块面积不少于 6.67hm^2。林地收储分为一次性支付收储和分年度支付收储。收储价格实行一区一县一策，根据各区县林地质量、农户意愿等确定流转单价，并按照以农户为主、兼顾农村集体经济组织原则，由重庆林投公司协助当地政府提出资金分配意见进行合理分配。林木采伐分成根据各区县林木资源状况另议。

二是加强森林经营管理。重庆林投公司根据林地的性质、交通和立地条件，结合重庆各区县实际情况，进行林地的整体规划，然后分年度进行规划设计，组织开展集约人工林栽培、森林抚育、现有林改培以及森林综合利用等经营活动，配套实施水、电、路等基础设施，辐射周边群众，盘活当地林地资源。结合公司年度营造林生产计划，按照森林经营方案设计内容落实各项森林经营措施；坚持科学绿化、规划引领、因地制宜，以乡土树种和珍贵用材树种为主，大力培育大径级用材林，将森林经营和生物防火阻隔带、健康森林、美丽森林建设有机结合，为生态旅游、自然生态环境质量提升提供动力。

三是加强营林造林工程管理。加强对公司营造林的各个环节、各实施主体的管理，推进营造林工程"质量标准化、进度数字化、安全规范化"管理，切实做好安全生产工作，确保营造林工程质量和进度。加强施工单位的造林施工技术管理、森林抚育技术管理、苗木管理、施工现场管理和工程质量与安全管理。加强对监理单位、作业设计单位、检查验收单位等相关服务单位的管理。对营造林项目实行施工单位自查、重庆林投公司全查、市级复查、国家核查四级验收制度。

（三）积极开展国家储备林建设试点

一是开展松材线虫病防治与马尾松林改培试点。改培试点面积的1333.33hm^2，对试点整体条件进行了评估，发现除松材线虫病外，马尾松林还存在林龄结构不合理、生态系统稳定性差、林分退化严重等问题。有针对性地对采伐方式、强度、工艺或流程，以及集材方式、伐区清理、采伐作业安全等方面进行方案设计，通过皆伐清理、择伐清理、标记采伐等，提高林木采伐作业效率。同时涵盖松材线虫病防治，科学利用马尾松疫木，防止疫情蔓延传播。实施以清理病死松树为核心，以疫木源头管控为根本，以媒介昆虫防治、打孔注药等为辅助的综合防治策略，及时组织伐后更新造林，严防森林生态系统质量和稳定性的大幅下降。据测算，试点区产生了显著的经济、生态、社会效益，创造直接经济效益达6800万元，改善了森林生态功能和稳定性，提高了碳储量和碳汇能力。

二是开展森林经营试点。公司于2021年在南川区乐村林场开展了森林经营模式试点工作。以可持续发展理念为根本遵循，以提高森林质量为根本目标，以森林多功能经营、分类经营理论为指导，以模拟林分自然过程为准则，以培育稳定健康的森林生态系统为目标，坚持生态优先，实事求是，科学经营。试点规模为45.36hm^2，按照以人工林为主、集中连片、规模经营的原则确定了7个地块。结合林分起源、林分结构、立地条件，确定不同的培育目标，分别采取了人工杉木中径材培育、人工落叶松低产林改培、人工华山松带状改培、人工柳杉大径材培育、天然阔叶次生林改培5种森林经营模式类型，根据经营模式采取了生长伐、带状皆伐、择伐、更新造林、补植、松材线虫病防治、补植、割灌除草、施肥等经营措施。通过营造和培育以鹅掌楸、枫香树、杉木、柳杉为主的中大径级和珍贵树种用材林，增加森林资源储备，提高森林经营水平和林地生产力，实现林业生态经济可持续发展。

三是开展林下经济项目试点。公司于2021年在城口县仁河林场开展林下种植天麻试点工作。天麻作为一种较名贵的中药材,具有息风止痉、平抑肝阳、祛风通络等功效,可药用、食用,应用历史悠久,有较高的经济效益。在林下仿野生种植天麻,通过整地、施肥等操作,增加了土壤透气性、含水量,改善了土壤理化结构,充分利用了林地空间及资源,形成了合理的生物群落结构,发挥了物种间互惠互促作用。2022 年公司在梁平区东山林场开展林下种植甜茶试点。甜茶用途广泛,经济价值潜力大,既可以作为健康养生产品,也可以作为原材料应用于医药、保健、食品等领域。甜茶与林木混交种植,能够改善林分结构,充分利用营养空间,为林木丰产创造条件,同时也可以改善立地条件,改善土壤性质,提高林分与生态环境质量。

(四)开发国家储备林碳汇项目

近年来,重庆林投公司围绕集团"打造具有全球竞争力的世界一流林草生态集团"的战略目标,在持续扩大国家储备林建设规模的基础上,以提高森林碳汇能力为目标,通过科学扩绿、抚育经营等途径,持续巩固提升固碳增汇能力,搭建生态产品价值实现平台,开发森林碳汇生态产品,助力"双碳"目标实现。

2023 年,该公司"重庆巫溪县和城口县森林经营碳汇项目"顺利通过重庆市生态环境局审核备案,成为重庆首个备案的国储林"碳惠通"项目,为当地探索出一条"碳汇资源—碳汇资产—碳汇资本"的新发展道路。项目总面积为 7.07 万 hm^2,计入期为 20 年,预计产生总减排量 48.4 万 $t\ CO_2e$,年均 2.4 万 $t\ CO_2e$。该项目分年度、分批次持续开展森林经营活动,通过抚育采伐和补植补造等措施提高林地生产力,同时为增加生物多样性,增强森林碳汇能力、提升森林生态功能提供支撑。本项目开始营林时间为 2020 年 4 月 2 日,主要的营林措施为补植补造和林分抚育采伐。本项目林地产权清晰,均为人工林幼龄和中龄林。土质与土壤扰动、无人为火烧活动、不移除枯死木和地表凋落物等均正确应用了国家发展和改革委员会备案的森林经营碳汇项目方法学,且没有参与其他任何国内或国际减排机制注册,满足《重庆市"碳惠通"生态产品价值实现平台管理办法(试行)》的要求。

重庆"碳惠通"平台集碳履约、碳中和、碳普惠功能于一体,目前已建成企业端和个人端两大应用体系。企业通过平台注册登记核证自愿减排量,进行履约清缴申请、碳中和登记等,目前累计成交 52 宗,累计交易量 343.3 万 t,交易金额 8579.78 万元,推动了重庆市生态产品价值的转化。个人通过平台反映的绿色出行等低碳生活场景，获得碳积分兑换实物商品，个人端注册人数超过 100 万。

三、成果与展望

目前，中国林业集团在重庆国家储备林建设中立足改革创新，努力探索并形成了一系列有效的制度体系和运营模式，在林地收储、森林经营、林下经济、疫病防控、技术推广、队伍建设、产业设计等环节探索并形成了具有鲜明特色的建设、运营和管理模式。集团还以数字科技和金融赋能林业产业，依托国储林资源深度布局林业碳汇开发，助力森林可持续经营和碳汇能力提升，不仅为国家木材安全提供了战略支撑，还为乡村振兴和林业产业发展、生态产品价值实现和"两山"转化提供了现实支撑，贡献了央企力量银山。今后，中国林业集团国储林建设将重点打造国家储备林建设样板，加快发展绿色智能林业产业，还要积极探索"双碳"目标实践路径，做大森林碳汇增量，积极开发碳汇项目，推动林业新质生产力的发展和生态产品价值的高质量实现。

第十五章

开发碳汇项目：林业在"双碳"进程中的有益尝试

为了贯彻落实"碳达峰碳中和"重大战略决策和国家乡村振兴战略，践行"绿水青山就是金山银山"理念，拓宽生态产品价值实现渠道，在对国内实施的林业碳汇项目综合分析基础上，选出国内具有代表性的 5 个成功备案注册和交易的林业碳汇项目，包括全球首个 CDM 林业碳汇项目、全国首个 CCER 林业碳汇项目、京津冀地区首个 CCER 造林碳汇项目、全国首个 CCER 竹林碳汇项目和全国最大国有林区首个 VCS 林业碳汇项目作为典型案例。从案例背景、案例内容和案例启示等方面进行分析，总结主要做法、经验教训和重要意义，以供项目业主和社会各界人士参考。

第一节　全球首个成功注册和交易的CDM 林业碳汇项目

一、案例背景

为促进生态产品价值实现，推动我国林业碳汇交易，争取更多的国际资金投入我国生态建设，了解实施联合国 CDM 林业碳汇项目的全过程，并培养国内林业碳汇专家。2004 年，国家林业局在广西、内蒙古、云南、四川、山西、辽宁 6 省（自治区）启动了林业碳汇试点项目。

在国家林业局的领导下，在世界银行的支持下，广西壮族自治区林业局，结合"广西综合林业发展和保护项目"，成立了以中国专家为主包括世界银行专家在内的项目专家组，并开展 CDM 造林项目的前期调研和可研报告编制及报批工作。在此基础上，根据《公约》CDM 造林再造林项目的申请程序，从 2005 年 3 月起，专家组制定了项目立地调查和项目设计工作手册，并开展了项目区的立地调查；4 月前完成了项目区的立地质量评价报告，开展造林作业设计调查，落实造林地块和造林业主，确定经营形式；5 月完成了造林设计、建立了项目档案、数据库和 GIS 图库。在此基础上，国家林业局组织专家团队编写 CDM 造林再造林项目方法学——造林和再造林基线方法 AR–AM0001，并向 CDM EB 提出申请批准，11 月该方法学获得 CDM EB 批准（EB 22，附件 17，2005 年 11 月 25 日），成为全球第一个被批准的 CDM

下的《造林再造林碳汇项目方法学》。同时，专家团队还完成了《中国广西珠江流域治理再造林项目设计文件》（PDD）的编制。CDM 解决造林再造林项目非持久性问题有两种方式，签发临时核证减排量（tCER）和长期核证减排量（lCER）。其中临时核证减排量是在所签发的承诺期的下一个承诺期末失效；长期核证减排量是在项目计入期内有效，通常 30 年，计入期一到，所有核证减排量就会失效。该项目采用签发临时核证减排量的方式。

2006 年初按照中国《清洁发展机制项目运行管理办法》，项目业主向国家气候变化办公室提交 CDM 项目行政许可申请，随后国家气候变化办公室出具了批准函。项目通过了 CDM EB 指定经营实体（DOE）的审定，11 月项目获得 CDM EB 批准注册。中国广西珠江流域治理再造林项目（Facilitating Reforestation for Guangxi Watershed Management in Pearl River Basin，CDM 注册号 0547）成为全球首个 CDM 再造林碳汇项目。

二、项目做法

（一）项目设计

该项目业主代表为环江兴环营林有限责任公司。由国家林业局组织的专家团队完成了《中国广西珠江流域治理再造林项目设计文件》（PDD）的编制。

（二）东道国批准

按照中国《清洁发展机制项目运行管理办法》，项目业主于 2006 年 2 月向国家发展和改革委员会报送拟与生物碳基金托管机构国际复兴开发银行进行 CDM 项目合作的申请及相关文件并获得批准。

（三）项目审定

2006 年 4 月，由世界银行委托指定经营实体（DOE）——南德公司（TÜV SÜD Industrie Service GmbH）对该项目进行了独立审定，确认项目的合格性。南德公司采用文件评审、现场调查、在项目地点及项目所有者办公室访谈等方法进行审定。2006 年 7 月 24 日获得最终版审定报告（Validation Report，Revision 02）。审定结论是所提交的 PDD 符合《议定书》《马拉喀什协议》和 CDM EB 的相关指南文件的所有要求。根据项目设计文件所提供的假设条件，30 年计入期预计减排量 773842t CO_2e，及由此计算出的年均减排量 25795t CO_2e，是合理的。审定机构推荐该项目注册为《公约》下的一个

CDM 项目。

（四）项目注册

2006 年 11 月该项目获得 CDM EB 的批准注册，成为全球首个 CDM 林业项目。

（五）项目实施

项目业主根据批准的 PDD、作业设计组织实施造林项目，同时认真进行森林抚育和管护，保证造林成活率和森林生长量，维护森林健康和安全。

（六）项目监测

按照监测计划开展了第一监测期（2006 年 4 月 1 日—2011 年 12 月 31 日）和第二监测期（2012 年 1 月 1 日—2018 年 6 月 9 日）的项目监测，并按要求完成了减排量计算，编写了两期的监测报告。据批准的监测报告，第一监测期产生碳减排量为 131964t CO_2e，第二监测期产生碳减排量为 318563t CO_2e。

（七）项目核查与核证

第一监测期，CDM EB 委托指定经营实体 JACO CDM 对项目进行独立核查；结论是：中国珠江流域广西流域治理再造林项目"CDM 注册号 0547"在 2006 年 4 月 1 日—2016 年 12 月 31 日（第一监测期）监测报告（版本 V02，2012 年 5 月 23 日）中所述的温室气体减排量是正确的，产生的核证减排量（CER）为 131964t CO_2e。第二监测期，CDM EB 委托指定经营实体 RINA Services S. p. A.（RINA）对项目进行独立核查。结论是：中国珠江流域广西流域治理再造林项目"CDM 注册号 0547"在 2012 年 1 月 1 日—2018 年 9 月 6 日（第二监测期）监测报告（版本 03，2019 年 4 月 21 日）中所述的温室气体减排量是公正陈述的，产生的临时核证减排量（t CER）为 318563t CO_2e。

（八）减排量签发

该项目第一监测期和第二监测期的核证减排量（CER），经 CDM EB 审核同意并获得签发。

（九）减排量交易

广西珠江流域治理再造林项目采用事前订购模式交易（双边项目）。两期获得减排签发，并由世界银行生物碳基金购买，实现交易。第一监测期成功签发了碳减排量 13.1964 万 t CO_2e，实现碳汇交易金额 57.4 万美元。第二监测期核证签发的碳减排量为 31.85 万 t CO_2e，实现碳汇交易额 138.57 万美元。

三、案例启示

（一）必须认真设计和实施碳汇项目

一是科学选取项目实施区域。按照 CDM 项目对土地合格性地要求，结合珠江流域森林植被破坏严重、森林质量较差、水土流失、石漠化等生态问题需要治理的现实需求，选择珠江中、上游重要生态保护区、生态脆弱地区的广西北部的河池市环江毛南自治县、梧州市苍梧县作为林业碳汇项目实施范围。二是科学选择适宜树种。采用参与式设计方法，遵循适地适树原则，尊重农民的意愿，对项目区社会经济、环境和立地进行深入调查，综合考虑碳吸收能力、生物多样性保护、水土保持以及相关林产品的价值等因素，造林树种选择马尾松、荷木、大叶栎、枫香、桉树。除桉树外均为乡土树种，并营造马尾松和大叶栎混交林、马尾松和荷木混交林、枫香和马尾松混交林、枫香和杉木混交林以及桉树纯林。三是低碳减排管理。项目采用沿等高线穴状整地（穴宽 40~50cm，深 30~40cm），并按"品"字形排列，禁止炼山和全垦整地。整地时切实保护项目造林小班周边的原始林、水源林、经济林等。采用测土配方施肥，采取就近育苗和尽量采用人挑马驮方式运苗，尽量减少因项目活动引起的碳排放。四是搞好项目监测。根据批准的监测计划，采用基于固定样地的分层抽样方法进行监测调查，固定样地面积 $0.04hm^2$，第一期抽取 86 个固定样地，第二期抽取 120 个固定样地。对样地内的林木树种、树高和胸径进行每木检尺；按照 CDM 再造林方法学计算单位面积蓄积量、生物量，计算项目碳汇量，结合基线碳汇量、泄漏量，编写项目减排量 CER 计算表，完成监测报告。

（二）必须认真注重总结成功经验和开发新项目

积极总结广西珠江流域治理再造林项目实施成功经验和教训，并进行推广示范，开发新的 CDM 造林再造林项目。与世界银行生物碳基金继续合作，于 2008 年在珠江上游广西西北部地区实施新的 CDM 碳汇项目——广西西北部地区退化土地再造林项目并获得注册，建设规模达 $8671.3hm^2$，项目计入期共计 60 年，预计年减排量为 $87308t\ CO_2e$。

（三）必须不断创新碳汇项目开发的经营模式

采用多样化项目经营形式，扩大社会主体和个人对碳汇造林的参与度，实施"农户（组）/村集体与林场/公司股份"合作造林模式，由农户（组）提供土地，由公司、林场出资造林，林木收益按 4∶6 分配，碳汇收益按 6∶4

分配；实施农户（小组）、经济能人造林模式，由农户（组）、经济能人完全自主经营，并享有林木与碳汇全部收益，可获得政府造林补助资金。

（四）必须充分认识项目的重大意义

一是开发了全球首个 CDM 林业碳汇方法学。项目专家组起草 CDM "退化土地再造林方法学"，并获 CDM EB 批准，该方法学是全球首个被批准的 CDM 造林再造林项目方法学，为开发其余 CDM 造林再造林项目方法学提供了参考。二是为开展 CDM 林业碳汇交易提供了项目案例。通过该项目的实施，推动了全球首个 CDM 再造林项目的进程。广西珠江流域治理再造林项目两期获得签发减排量超过 45 万 t CO_2e，并由世界银行生物碳基金购买，实现交易额 195.97 万美元。林业碳汇产品的生态价值通过市场化交易实现了经济价值，探索了一条生态效益价值实现的路径。三是提供了具有多重效益的林业碳汇项目案例。该项目实际完成造林 3100hm²，大片长期荒芜的荒山得到了绿化，促进了当地植被恢复，减轻水土流失。随着林木的生长和生物量的增加，碳汇能力也随之增强，同时森林生态系统涵养水源、保育土壤、积累营养物质、净化大气环境、保护生物多样性、森林游憩等效益正在日益显现。该项目在实施过程中，育苗、造林和抚育等活动，投入大量的劳动力，为当地提供了就业机会，增加了农户的劳务收入，超过 5000 个农户从出售碳汇、木质和非木质林产品获得收益。因此，该项目具有多重效益，促进区域经济社会可持续发展。

第二节　全国首个备案和交易的 CCER 林业碳汇项目

一、案例背景

2013 年 10 月，国家林业局组织编制的温室气体自愿减排交易方法学《AR-CM-001-V01 碳汇造林项目方法学》获得了国家发展和改革委员会的备案。鉴于国内缺乏 CCER 林业碳汇项目的开发、备案注册、减排量签发案例和成功经验，同时，联合国 CDM 和国际核证碳减排标准（以下简称 VCS）

方法学难度较大，项目文件模板和申报程序也复杂。为应对这些挑战，在国家林业局的指导下，在广东省林业厅的支持下，中国绿色碳汇基金会提供技术服务，与广东省林业调查规划院等单位合作，在梅州市和河源市实施碳汇造林项目，采用《AR–CM–001–V01 碳汇造林项目方法学》，探索开发全国首个 CCER 林业碳汇项目——"广东长隆碳汇造林项目"。目标是为我国开发 CCER 林业碳汇项目积累项目开发、注册、签发和碳汇交易的实际案例和经验，促进 CCER 林业碳汇项目的有序开发和交易。

该项目分别于 2014 年 7 月 21 日和 2015 年 5 月 25 日获得国家主管部门的项目注册备案和首期减排量签发。项目的减排量由首批加入广东省碳排放权交易试点的控排企业广东省粤电集团有限公司以 20 元 /t 的单价签约购买，用于履行减排义务。这是全国首个成功实现项目注册、减排量签发和碳汇交易的 CCER 林业碳汇项目。

二、项目做法

项目业主为广东翠峰园林绿化有限公司。该项目的造林规模为 866.7hm²，以樟树、荷木、枫香、山杜英、相思、火力楠、红锥、格木、黎蒴 9 个乡土树种随机混交造林，造林设计密度为 1110 株/hm²。根据《AR–CM–001–V01 碳汇造林项目方法学》测算，项目在 20 年（2011 年 1 月 1 日—2030 年 12 月 31 日）计入期内，预计产生 347292 t CO_2e 的减排量，年均减排量为 17365t CO_2e。现将该项目的主要做法归纳总结如下。

（一）项目设计

2013 年 11 月，按照《温室气体自愿减排交易管理暂行办法》，项目设计团队采用经国家主管部门备案的《AR–CM–001–V01 碳汇造林项目方法学》，根据方法学和造林作业设计，计算减排量、收集项目设计和审定的证据和支持材料，起草中国林业温室气体自愿减排项目设计文件并获国家主管部门批准，在此基础上，编制了广东长隆碳汇造林项目设计文件（PDD）。内容包括：项目活动描述、选定的基线和监测方法学应用、项目运行期及计入期、环境影响、社会经济影响、利益相关方分析和附件等内容。

（二）项目审定

2013 年 12 月，受项目业主委托，中环联合（北京）认证中心有限公司

（以下简称 CEC）依据《温室气体自愿减排交易管理暂行办法》《温室气体自愿减排项目审定与核证指南》和 UNFCCC 中对 CDM 项目的相关要求，对广东长隆碳汇造林项目进行了独立审定。审定重点是 PDD、项目资格条件、项目描述、方法学、项目边界、基准线识别、额外性、减排量计算、监测计划等。审定活动主要包括文件审核、现场访问、提出和关闭不符合、澄清要求和进一步行动要求、出具审定报告和审定意见。经审定，PDD 中的主要内容均符合《温室气体自愿减排交易管理暂行办法》《温室气体自愿减排项目审定与核证指南》《AR-CM-001-V01 碳汇造林方法学》以及 UNFCCC 中对 CDM 项目的相关要求；审定准则中所要求的内容已全部覆盖；项目预期减排量真实合理。项目选择 20 年的固定计入期（2011 年 1 月 1 日—2030 年 12 月 31 日），预计计入期内减排量为 347292t CO_2e，年减排量为 17365t CO_2e。审定结论：推荐此项目备案为温室气体自愿减排项目。2014 年 3 月 30 日，该项目通过了国家发展和改革委员会备案的自愿减排交易项目审定机构的独立审定，获得合格的审定报告。

（三）项目注册

受项目业主委托，中国绿色碳汇基金会，按照 CCER 的相关要求，向国家发展和改革委员会（注册登记机构）提交项目注册相关材料，申请项目登记。经专家评审，2014 年 4 月 25 日，项目通过国家发展和改革委员会组织的项目备案审查会，2014 年 7 月 21 日项目获得国家发展和改革委员会的项目备案（注册，项目备案号 021）。

（四）项目实施

项目业主依据作业设计、PDD 的技术要求，实施碳汇造林项目活动，落实各项技术措施，确保碳汇造林和抚育管理的质量。

（五）项目监测

2014 年 12 月，中国绿色碳汇基金会联合有关单位，根据批准注册的 PDD 确定的监测计划，实施监测工作，逐一对需要监测的数据参数进行监测；采用分层抽样的方法进行林木生物量监测，布设抽样的固定样地，开展固定样地监测调查，进行数据审查、数据统计分析，计算本监测期的减排量，编制监测报告和准备核证所需的证据文件和支持材料。

（六）项目核证

2015 年 1 月，委托 CEC 开展第一监测期（2011 年 1 月 1 日—2014 年 12

月 31 日）的核证工作。CEC 在核证过程中对监测报告、监测计划、项目实施情况、温室气体减排量的计算等内容进行了独立、客观和公正的第三方评审。经核证，确认本项目的实施与已备案的 PDD 一致，监测计划符合所适用的方法学，实际监测符合监测计划的要求，并确认：

①本项目所核证的碳减排量没有在其他任何国际国内温室气体减排机制下获得签发。

②本项目所声明的碳减排量仅来自于本项目的碳汇造林活动。

③本项目按照项目设计文件实施。

④本项目实施的监测计划符合所应用的方法学的要求。

⑤本项目监测活动按照已备案的监测计划实施。

⑥本项目碳减排量计算是合理的，监测期内参数和数据完整可得，监测报告中的信息与其他数据来源进行了交叉核对；基准线碳汇量、项目碳汇量的计算与方法学和备案的监测计划相一致；计算所用假设合理，所用的生物量含碳率因子、默认值以及其他数值合理。

核证结论：经核证，CEC 确认本监测期内的减排总量为 5208t CO_2e，远低于备案项目设计文件中的预计值，符合备案函的要求。CEC 推荐该项目的本监测期内的碳减排量备案。

2015 年 4 月 20 日，获得了 CEC 合格的核证报告。

（七）减排量签发

由项目业主委托中国绿色碳汇基金会，向国家发展和改革委员会提交减排量备案申请材料。国家发展和改革委员会委托有关专家对项目减排量申请材料进行评估。2015 年 4 月 29 日，国家发展和改革委员会组织召开了温室气体自愿减排项目减排量备案审核会第四次会议，听取了监测报告和核证报告的汇报，通过了会议联合审查。2015 年 5 月 25 日，广东长隆碳汇造林项目首期减排量（5208t CO_2e）获得国家发展和改革委员会批准备案（签发），并在国家自愿减排和排放权交易注册登记系统中登记。为此，广东长隆碳汇造林项目成为全国首个获得国家发展和改革委员会减排量签发的中国林业温室气体自愿减排项目（CCER 林业碳汇项目）。

（八）减排量交易

项目减排量经备案签发后，在经国家主管部门备案的交易机构广州碳排放权交易中心，依据其交易细则进行交易。2015 年 6 月，项目业主和参加中国碳市场试点的控排企业广东省粤电集团有限公司签署协议，以 20 元/t 的单价，购买全部减排量用于企业减排履约，抵销企业的温室气体排放。

三、案例意义

广东长隆碳汇造林项目是全国首个成功备案注册和交易的 CCER 林业碳汇项目，该项目是一个具有多重效益的示范案例，不仅在碳汇交易领域具有重要意义，还对生物多样性保护、社会经济发展和应对气候变化提供了有益的经验和启示。

①提供了全国首个 CCER 林业碳汇项目开发案例。该项目根据国家有关政策规则和方法学要求，完成了 CCER 林业碳汇开发的所有流程，获得了国家主管部门的项目注册和减排量签发，验证了《AR-CM-001-V01 碳汇造林项目方法学》的适用性和可行性。该项目的实施为推动我国开发 CCER 林业碳汇项目提供了可资借鉴的项目案例和实践经验。

②提供了全国首个 CCER 林业碳汇交易案例。在获得了国家主管部门的首期减排量签发之后，该项目在广州碳排放权交易中心开展了碳汇交易，被试点碳市场控排企业签约购买，用于控排企业减排履约，实现了碳汇生态产品的价值，为推动我国开展 CCER 林业碳汇交易提供了项目案例和实践经验。

③有利于促进社会经济可持续发展。项目实施表明，根据有关政策规则，合规开展宜林荒山造林活动，不仅可以吸收二氧化碳、增加森林碳汇，产生可用于我国控排企业抵排履约或社会各界自愿减排的林业碳汇，实现碳汇的经济价值。而且项目还能够增加森林面积，发挥水源涵养、水土保持、改善生态环境、保护生物多样性等生态效益，有利于减缓全球气候变暖、建设生态文明和美丽中国。同时，项目实施，有利于当地农民的就业和增收，提高当地居民应对气候变化的意识和能力，发挥提供科研、教育和森林康养场所等功能。项目有助于促进当地经济社会的可持续发展。

第三节　京津冀地区首个备案和交易的
CCER 造林碳汇项目

一、案例背景

河北省塞罕坝机械林场（以下简称塞罕坝机械林场）位于河北省承德市围场满族蒙古族自治县北部坝上地区（与北京市中心直线距离约 280km），1962 年由林业部建立，1968 年划归河北省林业厅管理。自建场以来，几代塞罕坝人艰苦奋斗，克服种种困难，在塞外高原，将退化为沙地的土地变成林海，铸就了牢记使命、艰苦创业、绿色发展的塞罕坝精神。塞罕坝机械林场于 2010 年被国家林业局授予"国有林场建设标兵"称号，2014 年被中宣部授予"时代楷模"荣誉称号，2017 年获得联合国环保最高荣誉奖——地球卫士奖，2021 年被党中央、国务院授予"全国脱贫攻坚楷模"荣誉称号。

为响应国家自愿减排机制，积极探索森林生态效益补偿市场化新机制，把生态优势转化为发展优势，项目业主（塞罕坝机械林场总场大唤起林场）与合作伙伴，采用国家发展和改革委员会备案的《AR–CM–001–V01 碳汇造林项目方法学》组织开发了 CCER 塞罕坝机械林场造林碳汇项目。该项目分别于 2016 年 4 月和 8 月获国家发展和改革委员会的项目备案、第一监测期减排量签发，并于 2018 年完成了第一笔碳汇交易。

二、项目做法

该项目计划用 10 年（2005—2014 年）时间在林场选择 519 个严重退化土地作为项目造林地块，造林总面积为 3542.5hm^2。林场将造林地块分成 3 组立地类型组共 15 种立地类型，选择落叶松、樟子松、云杉 3 个树种，并应用多年沙地造林经验，提高造林成效。项目采用《AR–CM–001–V01 碳汇造林项目方法学》开发，项目计入期为 30 年（2005 年 6 月 30 日—2035 年 6 月 29 日），预计可产生减排量总计 1582693t CO_2e，年均减排量 52756t CO_2e。该项目的主要做法如下。

（一）项目设计

按照《温室气体自愿减排交易管理暂行办法》，采用《AR-CM-001-V01碳汇造林项目方法学》等相关技术规范要求，编制了CCER碳汇造林PDD。PDD内容同本章第二节。

（二）项目审定

项目业主委托中国质量认证中心（CQC）依据《温室气体自愿减排交易管理暂行办法》《温室气体自愿减排项目审定与核证指南》等相关要求，对该碳汇造林项目进行了审定。审定内容同本章第二节。审定意见：一是该项目采用了经国家发展和改革委员会备案的《AR-CM-001-V01碳汇造林项目方法学》；二是该项目符合《温室气体自愿减排项目审定与核证指南》中对项目资格条件的要求；PDD内容完整，项目描述完整、准确；该项目满足应用方法学的适用条件；PDD正确描述了项目边界；项目基准线情景描述合理，且减排量计算所采取的步骤和应用的计算公式符合所应用方法学的要求，预计的年减排量计算过程和结果正确；三是该项目具有额外性；四是监测计划符合所应用方法学的要求，具有可操作性和可核证；五是该项目计入期起止时间为2005年6月30日—2035年6月29日，预计计入期总减排量为1582693t CO_2e，年均减排量为52756t CO_2e；六是该项目审定过程无其他问题。审定结论：该项目符合《温室气体自愿减排交易管理暂行办法》和《温室气体自愿减排项目审定与核证指南》的相关规定，建议该项目在国家发展和改革委员会备案为国家自愿减排项目。

（三）项目备案

项目业主向国家主管部门提交项目备案申请材料，申请项目备案。2015年8月，该项目在国家自愿减排平台挂网公示。经国家主管部门审核，于2016年4月获得项目备案。

（四）项目实施

项目业主依据项目设计，实施造林项目内容，落实各项技术措施，确保碳汇造林质量。

（五）项目监测

根据监测计划实施监测工作，逐一对需要监测的数据参数进行监测；采用分层抽样的方法进行林木生物量监测，布设抽样的固定样地，开展固定样地监测调查，进行数据审查、数据统计分析，计算第一监测期的减排量，编制监测报告和准备核证所需的证据文件和支持材料。

（六）项目核证

项目业主在向国家主管部门申请减排量备案前，由 CEC 进行核证，并出具减排量核证报告。核证内容和过程同本章第二节。核证机构确认，该项目属于《温室气体自愿减排交易管理暂行办法》和《温室气体自愿减排项目审定与核证指南》中第一类项目类型（项目领域：14 造林和再造林），即开发的减排项目是采用国家发展和改革委员会备案的方法学一类项目。项目区位于河北省围场满族蒙古族自治县，由河北省塞罕坝机械林场总场投资建设和运营，造林规模为 $3642.5hm^2$。经核证，CEC 确认本项目的实施与已备案的 PDD 一致，监测计划符合所适用的方法学，实际监测符合监测计划的要求，并确认与本章第二节相同的内容。核证结果：本次监测期 2005 年 6 月 30 日—2015 年 6 月 29 日（包括首尾两天，共计 10 年、3652 天）为本项目的第一监测期，经 CEC 核证的本项目第一监测期内项目总减排量为 182750t CO_2e。CEC 推荐该项目的第一监测期内的碳减排量备案。

（七）减排量签发

项目业主向国家发展和改革委员会提交减排量备案申请材料。经专家评审和联合审查，造林碳汇项目首批减排量 182750t CO_2e 于 2016 年获得国家发展和改革委员会签发，并在国家自愿减排和排放权交易注册登记系统中登记。

（八）减排量交易

2018 年 8 月，在北京环境交易所与买家达成首笔造林碳汇交易，交易量为 3.6 万 t CO_2e。

三、案例启示

塞罕坝机械林场 CCER 碳汇造林项目是京津风沙源区首个成功备案注册和交易的 CCER 碳汇造林项目。该项目也是京津风沙源区退化土地的生态修复成功案例。开发林业碳汇造林项目为生态修复提供了必要且可持续的经济支持，有利于持续推进京津风沙源区的生态修复和造林维护工作，同时有助于减少首都和天津等地的风沙危害，维护首都经济圈的生态安全。

一是提供了京津风沙源区 CCER 造林碳汇项目示范。通过造林活动吸收和固定二氧化碳，产生可测量、可报告、可核查的温室气体排放减排量，发挥了京津风沙源区碳汇造林项目的试验和示范作用。

二是提供了林业碳汇产品交易示范案例。该项目的开发和交易实现了造林碳汇生态产品的全过程，包括生产、申报、交易，为碳汇交易提供了示范。同时，它为资源丰富但经济欠发达地区的林业碳汇资源提供了重要途径，实现了资源的近距离补偿，促进了包容性发展，助力了区域协调发展。

三是有利于生态环境修复与当地可持续发展。项目增加了当地的森林面积和碳汇量，这不仅有助于应对气候变化，还有利于提升当地的林业收入，推动了当地的可持续发展。

这一案例表明，林业碳汇项目不仅有助于修复生态环境和应对气候变化，还为资源丰富但经济欠发达地区提供了发展机会，同时维护了生态安全，具有广泛的示范和推广价值。

第四节　全国首个成功备案的 CCER 竹林碳汇项目

一、案例背景

2013 年 10 月，国家林业局组织编制的温室气体自愿减排交易方法学《AR-CM-02-V01 竹子造林碳汇项目方法学》，获得了国家发展和改革委员会备案。鉴于国内没有 CCER 竹林碳汇项目开发和备案注册、减排量签发的实践案例和成功经验，国际 CDM 和 VCS 也没有成功注册的竹林碳汇项目，中国绿色碳汇基金会积极探索和推动 CCER 竹林碳汇项目的开发和碳汇交易。

在湖北省委、省政府"绿满荆楚"的号召下，在湖北省发展与改革委员会、湖北省林业厅、湖北碳排放权交易中心和通山县人民政府的大力支持下，在美国环保协会和中国绿色碳汇基金会及浙江农林大学的积极倡导和推动支持下，采用《AR-CM-02-V01 竹子造林碳汇项目方法学》，2015 年起在湖北省通山县欠发达乡镇的宜林荒山实施了湖北省通山县竹子造林碳汇项目。该项目旨在发挥竹子造林增汇效益的同时，充分发挥竹林的改善生态环境和自然景观、保护生物多样性、增加群众收入等多重效益，促进当地经济社会可持续发展。

湖北省通山县竹子造林碳汇项目，于 2015 年 11 月获得国家气候变化主管部门的备案。该项目是全国首个获得备案注册的 CCER 竹林碳汇项目。

二、项目做法

该项目的业主为通山军安生态农业有限公司。由项目业主和通山县林业局、林权所有者签署三方合同《湖北省通山县竹子造林碳汇项目施工合同书》，实施竹子碳汇造林项目。造林规模为 700.94hm²，造林树种为毛竹（楠竹），造林密度为 625 株/hm²。其中，2015 年造林 201.67hm²、2016 年造林 263.00hm²、2017 年造林 236.27hm²。项目的计入期为 20 年，从 2015 年 1 月 1 日—2034 年 12 月 31 日，预计总减排量为 131123t CO_2e，年减排量为 6556t CO_2e。该项目的主要做法如下。

（一）项目设计

2014 年，项目业主委托具有林业调查规划设计资质的单位，完成了"湖北省通山县竹子造林碳汇项目"作业设计工作。2015 年，按照《温室气体自愿减排交易管理暂行办法》，由中国绿色碳汇基金会联合美国环保协会和浙江农林大学等单位，采用《AR-CM-02-V01 竹子造林碳汇项目方法学》，根据方法学和造林作业设计，计算减排量、收集项目设计和审定的证据和支持材料，编制了湖北省通山县竹子造林碳汇项目设计文件（PDD），内容包括：项目活动描述、选定的基线和监测方法学应用、项目运行期及计入期、环境影响、社会经济影响、利益相关方分析和附件等内容。

（二）项目审定

项目业主委托 CEC 依据《温室气体自愿减排交易管理暂行办法》《温室气体自愿减排项目审定与核证指南》等相关要求，对 PDD、项目资格条件、项目描述、方法学、项目边界、基准线识别、额外性、减排量计算、监测计划等内容进行独立、客观的第三方评审。审定机构确认，本项目属于竹子造林碳汇项目，通过竹子造林活动吸收、固定二氧化碳，产生林业碳汇，实现温室气体的减排。项目开工时间为 2015 年 1 月 1 日。PDD 中的项目资格条件、项目描述、方法学、项目边界、基准线识别、额外性、减排量计算、监测计划等内容符合《温室气体自愿减排交易管理暂行办法》《温室气体自愿减排项目审定与核证指南》《AR-CM-002-V01 竹子造林碳汇项目方法学》以及 UNFCCC 中对 CDM 项目的相关要求；审定范围中所要求的内容已全部覆盖；项目预期减排量真实合理。审定结论：推荐本项目备案为温室气体自愿减排项目。项目通过了 CEC 的独立审定，获得合格的审定报告。本项目在 20 年计入期内，预计产生 131123t CO_2e 的减排量，年均减排量为 6556t CO_2e。

（三）项目注册

受项目业主委托，中国绿色碳汇基金会按照 CCER 项目备案的相关要求，向国家发展和改革委员会（注册登记机构）提交项目注册相关材料，申请项目登记。经专家评审，2015 年 11 月 17 日，在国家发展和改革委员会组织的温室气体自愿减排项目备案审核会第十四次会议上通过了项目备案审查，于 2015 年 11 月 27 日获得国家发展和改革委员会的项目备案（项目备案号 401）。

（四）项目实施

依据项目设计和项目审定报告的技术要求，2015 年 1 月开始分 3 年，实施竹子碳汇造林，落实各项技术措施，确保竹子碳汇造林质量。项目按计划完成苗木栽植任务，顺利进入抚育、追肥和管护阶段。

（五）项目监测

根据监测计划实施监测工作，逐一对需要监测的数据参数进行监测；采用分层抽样的方法进行生物量监测，布设抽样的固定样地，开展固定样地监测调查，进行数据审查、数据统计分析，计算第一监测期的减排量，编制监测报告和准备核证所需的证据文件和支持材料。

（六）项目核证

2017 年 3 月，国家发展和改革委员会发布了暂停温室气体自愿减排项目备案申请受理的公告。受此影响，本项目的后续项目核证流程尚未开展。

三、案例启示

该项目的实施和顺利注册备案，充分展示了竹林碳汇项目不仅在气候变化领域具有重要作用，还能够成为生态保护、经济发展和社会脱贫的示范，特别是作为首个 CCER 竹林碳汇项目，为其他地区提供了有益的经验和借鉴。

一是提供了首个 CCER 竹林碳汇项目示范案例。该项目成功备案，验证了国家气候变化主管部门批准备案的《AR-CM-02-V01 竹子造林碳汇项目方法学》的适用性和可行性，为全国各地开发 CCER 竹林碳汇项目及其碳汇生态产品提供了可供借鉴的项目案例和经验，具有重要意义。

二是促进了可持续发展目标实现。该项目增加了当地的竹林面积，改善生态环境，维护当地的生态安全，同时为当地社区和农户创造了就业机会，提高农户的收入，促进乡村振兴和巩固脱贫成果，发挥了多重效益，有利于当地可持续发展。

第五节　国有林区首个成功交易的 VCS 林业碳汇项目

一、案例背景

内蒙古大兴安岭林区是我国重点国有林区。进入新时代，内蒙古森工集团加速了国有林区改革和产业转型发展，确立了生态产业化和产业生态化的发展目标，推动绿色产业发展，致力于森林可持续经营，以充分发挥森林的多重效益。为贯彻"两山"理念，将绿水青山转化为金山银山，内蒙古森工集团开始尝试林业碳汇项目。内蒙古森工集团所属绰尔林业局委托中国绿色碳汇基金会提供技术服务，并采用国际认证的碳减排标准（Verified Carbon Standard，以下简称 VCS 标准），利用《VM0010 改进森林管理方法学：把用材林变为保护林》，开发了内蒙古绰尔改进森林管理碳汇项目（Inner Mongolia Chao'er Improved Forest Management Project）。该项目于 2016 年 5 月 20 日获得了 VCS 注册处的批准注册（VCS 注册号 1529）。2016 年 7 月 5 日，项目第一监测期签发申请获得批准，批准可签发减排量 380247t CO_2e。2020 年 7 月 30 日，项目第二监测期签发申请获得批准，批准可签发减排量 343998t CO_2e。2017 年至今，该项目已经实现了林业碳汇产品销售额超过 650 万元，成为国有林区通过碳汇开发将生态效益转化为经济效益的典型。绰尔碳汇交易不仅是内蒙古大兴安岭国有林区在林业碳管理上迈出的一小步，更是在促进生态产品交易、生态产品市场化以及货币化进程上迈出的一大步。这标志着林区的生态产品开始进入市场。

该项目前期开发和第一监测期的技术服务由中国绿色碳汇基金会及其合

作伙伴承担，第二监测期技术咨询服务由北京汇智绿色科技有限公司（北京汇智绿色资源研究院）承担。

二、项目做法

该项目业主为内蒙古森工集团绰尔林业局。项目业主率先在所属五一林场停止项目区 11010hm² 用材林的商业性采伐，实施森林保护，减排增汇，应对气候变化。受项目业主委托，由中国绿色碳汇基金会和合作伙伴开展项目开发。项目于 2016 年 5 月在 VCS 注册处注册，成为合格 VCS 林业项目。项目寿命期为 60 年（2010 年 1 月 1 日—2069 年 12 月 31 日），首个项目计入期 20 年（2010 年 1 月 1 日—2029 年 12 月 31 日），预期 20 年计入期内产生减排量 1386530t CO_2e。2016 年和 2020 年，项目第一监测期和第二监测期签发申请获得 VCS 注册处批准。两个监测期合计获得批准的减排量为 72.4 万 t CO_2e。该项目的主要做法如下。

（一）项目设计

项目业主内蒙古森工集团绰尔林业局，委托中国绿色碳汇基金会提供项目开发技术服务。中国绿色碳汇基金会和合作伙伴，根据采伐计划以及 VCS 标准和 VCS 森林管理方法学（VM0010），收集项目设计和审定的证据和支持材料，计算减排量，使用 VCS 项目描述文件（PD）模板，编制了 VCS 内蒙古绰尔森林管理碳汇项目描述文件，内容包括项目详情、方法学应用、温室气体减排量和清除量量化及监测、环境影响、利益相关方咨询和附件等内容。

（二）项目审定

项目业主委托 CEC 根据适用的 VCS 标准版本 3.3 和 "改进森林管理方法学：把用材林转变为保护林" VM0010 版本 1.2 的有关要求对项目进行了审定。审定范围包括项目描述文件、基准线研究、监测计划和其他相关文件。审定过程包括项目设计和基准线和监测计划的桌面审查、与项目相关方的现场访谈、解决未解决的问题并签发最终审定报告和意见。审定结论：CEC 认为根据 VCS PD（版本 01.1，2014 年 11 月 10 日）中描述的项目符合所有相关的 VCS 要求。因此，CEC 请求将该项目注册为 VCS 项目活动。项目通过了 CEC 的独立审定，获得合格的审定报告。本项目在 20 年计入期内，预期产生减排量 1386530t CO_2e，年均减排量为 69326t CO_2e。

（三）项目注册

根据 VCS 项目注册和签发程序的有关规定，项目业主（可委托咨询方）向 VCS 注册处提交项目注册申请材料，主要包括审定机构签发的审定声明和审定报告、项目业主签发的注册声明、项目描述文件、项目区矢量图 KML 文件、通信协议、有关合同、证据等。经过 VCS 注册处专家和 VCS 机构联合审查，项目于 2016 年 5 月 20 日获得 VCS 注册处的注册批准。

（四）项目实施

项目业主根据批准的采伐计划和管理方案、项目描述文件组织实施森林保护项目，对项目区的所有用材林，只进行抚育性质的间伐，停止商业性采伐。同时，加强森林火灾、病虫害的防治，保障森林的健康和安全。

（五）项目监测。

根据 VCS 批准注册的项目描述文件确定的监测计划，按计划实施监测工作，逐一对需要监测的数据参数进行监测；采用分层抽样的方法进行生物量监测，布设抽样的固定样地，开展固定样地监测调查，进行数据审查、数据统计分析，计算第一监测期的减排量，并依据最新的 VCS 监测报告模板编写监测报告，准备核证所需的证据文件和支持材料。

（六）项目核证

委托 VCS 批准的审定与核证机构（VVB）—— CEC 对该项目第一监测期（2010 年 1 月 1 日—2014 年 12 月 31 日）进行项目核证。CEC 根据 VM0010 版 1.2 和 VCS 标准（版本 3.5）开展了独立核查。核查包括项目设计、基准和监测计划的桌面审查、与项目相关方的跟进采访、解决未解决的问题并发布最终核查报告和意见。CEC 确认项目按计划和在经过审定的 VCS 项目描述文件中描述的方式实施。项目将位于五一林场的 $11010hm^2$ 可以采伐的用材林转变为保护林。监测系统已建立，并通过减少排放和增加碳汇实现减排量。CEC 确认该项目的第一监测期项目基准线、监测计划及其相关文件、温室气体排放量和由此产生的温室气体减排量、项目排放量，监测所适用的方法学，实际监测数据等有效。经过核查，CEC 确认，扣除缓冲库之后，第一监测期温室气体减排量为 380247t CO_2e。核查通过后，CEC 出具合格的项目第一监测期的核证报告。此后，项目业主又委托 VCS 批准的审定与核证机构，中国质量认证中心（以下简称 CQC）对该项目第二监测期（2015 年 1 月 1 日—2019 年 12 月 31 日）进行核证。经过核查，CQC 确认扣除缓冲库之后，第二监测期温室气体减排量为 343998t CO_2e。通过核查之后，CQC 出具了合格的第二监测期的核证报告。

（七）减排量签发

通过核查之后，项目业主向 VCS 注册处提交核查（签发）申请材料。申请材料包括由咨询方准备的监测报告和风险评估报告、由项目业主签发的签发声明、由核查机构签发的核查报告和核查声明等。VCS 注册处和 VCS 主管机构对核查申请材料进行完整性审查和专家评审，并由项目业主和 CEC 项目审定核证机构回答 VCS 注册处提出的各种问题并提供相关证据。2016 年 7 月 5 日和 2020 年 7 月 30 日，项目第一监测期和第二监测期签发申请分别获得 VCS 注册处的批准。获得签发许可之后，每次交易时，按交易的减排量数量缴纳签发费用，完成减排量签发和转移、交割。

（八）减排量交易

项目获得签发批准后，2017 年 12 月 18 日，在浙江省杭州市的全国林业碳汇交易试点平台"华东林业产权交易所"与浙江华衍投资管理有限公司举行签字仪式，完成了首笔林业碳汇交易，销售额为 40 万元。2018 年 1 月 18 日，内蒙古大兴安岭重点国有林管理局与浙江华衍投资管理有限公司签署了第二个销售协议，销售额达 80 万元。经过公开挂牌竞价，2021 年 4 月 8 日，绰尔林业局与中国碳汇控股有限公司签署了项目碳汇销售合同，销售额约为 300 万元。自 2017 年以来，该项目的碳汇销售额已超过 650 万元。

三、案例启示

（一）主要经验

一是勇于创新，引领发展趋势。绰尔林业局领导班子积极迎接林业碳汇发展机遇，提前投资并规划了林业碳汇项目，克服了组织不完善、缺乏专业人才和经费不足等挑战，积极协调并推动项目申报，为林业碳汇项目开发树立了榜样。二是创新思维，丰富开发模式。积极寻找新的项目投资和开发渠道，与咨询机构合作开展项目开发，同时通过交易平台和咨询机构销售 VCS 碳汇产品，拓展了产品开发和销售渠道。2016 年 5 月，项目成功注册在 VCS，第一期项目减排量达到 38 万 t CO_2e，随后于 2017 年 12 月—2021 年 4 月，通过多个平台完成了第一期减排量销售，为碳汇产品销售打通了渠道。

三是积极宣传，营造良好氛围。鉴于碳汇工作知晓度低、外部推进困难等问题，积极进行宣传引导。绰尔林业局与中国绿色碳汇基金会合作，于2015年成功举办了第二届中国绿色碳汇节。同时，派遣代表参加2015年和2019年在法国巴黎和波兰卡托维兹举办的联合国气候大会，并在相关活动中分享了绰尔林业碳汇工作的成就。这些活动受到《经济日报》《绿色时报》《人民网》《新华网》等主流媒体的广泛报道，传播了林业碳汇、碳中和、低碳生活等生态环保理念，营造了良好的社会氛围。

（二）重要意义

该项目开启了中国最大国有林区碳汇交易的先河，为广大林区开展林业碳汇交易提供了案例示范，并且项目具有促进生态保护、绿色经济发展的积极作用，对于林区绿色低碳转型和可持续发展等具有重要意义。一是提供国际 VCS 标准的林业碳汇项目示范案例。作为中国最大的国有林区中首个成功注册和交易的国际 VCS 林业碳汇项目，它为广大林区提供了可供参考的项目案例和实际开发经验。这一经验推动了国内林业碳汇项目的开展，有助于我国在国际碳市场上发挥更大作用。二是创新了我国林区生态产品价值实现路径。自 2016 年以来，该项目已经完成了从 VCS 林业碳汇项目设计、监测、审定、核查、注册到碳交易的全流程。截至目前，项目已成功销售 5 笔碳汇产品，总交易额超过 650 万元。这一项目为林区 VCS 林业碳汇项目的开发和交易提供了完整的流程示范，为实现绿水青山转化为金山银山提供了可行的途径。三是促进林区产业绿色转型和职工增收。通过市场化交易林业碳汇资源，该项目填补了森林经营、抚育和造林等生态保护建设项目的资金缺口。同时，项目碳汇交易也在一定程度上提高了一线森林经营职工的收入，促进了林区社会和谐和可持续发展。

第十六章

加强交流合作：林业在"双碳"进程中的国际视野

应对全球气候变化是全人类共同的事业，需要国际社会同舟共济，合力推进。国务院印发的《2030年前碳达峰行动方案》对国际合作做出专门部署，对深度参与全球气候治理，开展绿色经贸、技术与金融合作，推进绿色"一带一路"建设提出了明确要求。我国积极参与《公约》等国际谈判与历次IPCC评估报告编制，发挥建设性作用，推动国际社会坚持减缓与适应并重，强化全球应对气候变化行动。我国促进气候变化行动和伙伴关系，积极参与全球气候治理，不断贡献中国智慧、中国方案，展现了我国重视和推动气候变化领域国际合作的决心。本章依次分享了国家林业和草原局亚太森林网络管理中心国际竹藤组织、亚太森林恢复与可持续管理组织、国家林业和草原局国际合作交流中心、国际竹藤中心提供的典型案例，供有合作交流需求的机构和人士参考和借鉴。

第一节　全球环境基金支持顺昌县林业碳汇项目落地见效

一、背景情况

全球环境基金赠款"中国森林可持续管理提高森林应对气候变化能力项目"是林草行业组织实施的首个跨气候变化、生物多样性、森林可持续经营领域的复合性示范项目。通过森林恢复和重新造林，创新森林经营管理，全面提升项目区森林生态系统综合服务价值，为促进减缓全球气候变化和生物多样性保护贡献林草力量。项目在福建、河南、广西和海南4省（自治区）16个林场实施，建设内容包含强化森林可持续经营管理机构、政策与监管框架，森林可持续经营管理示范和实践，能力建设、知识交流与项目管理三方面活动。

为服务国家碳达峰碳中和战略，探索建立健全森林生态产品价值实现路径，项目支持福建省顺昌县国有林场率先开展林业碳汇项目试点。按照生态优先、绿色发展的总要求，福建省顺昌县国有林场立足森林生态资源优势，从创新丰富生态产品供给侧入手，积极探索林业碳汇交易新模式、新业态。该林场先后成功开发交易了福建省首单森林经营碳汇和全国首单竹林碳汇，交易碳减排量 22.45 万 t，实现碳汇交易收入 412.5 万元，为探索森林生态产品价值实现形式，支撑国家气候变化自主贡献目标，服务国家减缓气候变化战略找到了具体的路径，提供了新的方案。在此基础上，顺昌县乘势而上，再接再厉，先后自主开发完成其他林业碳汇新产品，进一步拓展了林业碳汇应用场景，形成了组分相对完善、内容比较丰富、功能多种多样的比较完备的林业碳汇产品供给体系。

二、主要做法

（一）全力支持林业碳汇交易试点，创新林业碳汇产品交易模式

全球环境基金赠款"中国森林可持续管理提高森林应对气候变化能力项目"核心目标是：全面加强项目区森林可持续经营，提升森林碳汇功能，提高森林经营单位碳汇管理和经营开发能力，推动森林生态系统功能价值合理最大化。2015 年，在项目规划设计阶段，就将林业核证减排内容纳入项目整体框架安排，汇聚项目资源，集中各方面力量，开发完成 1~2 个有一定规模和影响、可以在公开碳市场交易的林业碳汇项目，为全国开展林业碳汇交易试点，研究林业碳汇交易规则和操作办法，探索林业碳汇交易模式提供参考。为此，项目聘请国内知名专家编制了《CCER 碳汇项目开发程序及实施指南》《项目增汇减排实施指南》等技术文件，对项目单位碳汇开发人员进行集中技术培训，巡回指导项目林场开展林业碳汇开发活动，帮助开发人员编写林业碳汇方法学，实地解决林业碳汇开发中的"项目边界和土地合格性""项目障碍分析""碳汇量计算"等实际问题。

在项目支持和专家指导下，福建省顺昌县开发了全省第一批森林经营碳汇项目。通过项目设计、计量监测、减排核证、申报评审直至减排量签发等一系列流程，最终完成了 4600hm² 的森林经营碳汇项目。该项目计入期 20 年（2006 年 11 月 1 日—2026 年 10 月 31 日），预计产生碳减排量 257361t CO_2e，第一监测期 10 年（2006 年 11 月 1 日—2016 年 10 月 31 日）碳减排量 154828t CO_2e。2016 年 12 月 19 日，通过福建省发展和改革委员会备案签发，在福建海峡股权交易中心挂牌上市。2016 年 12 月 22 日，在福建省碳排放权交易启动仪式上，顺昌县国有林场与罗源闽光钢铁公司达成全省首笔林业碳汇交易，推出的 15.55 万 t CO_2e 碳减排量全部售出，成交金额达 288.3 万元，成为钢铁企业通过市场机制补偿林业的经典案例。2020 年，该林业碳汇项目被福

建省政府发展研究中心纳入第一批福建省《现代服务业新业态新模式案例选编》。

2010 年，顺昌县国有林场又以国家发展和改革委员会备案的《AR–CM–005–V01 竹林经营碳汇项目方法学》为依据，对场内 233.33hm² 毛竹林进行优化经营，对经营基线碳汇和项目设计碳汇进行了详细计量、监测和核证，开发成功竹林碳汇项目。2019 年该项目 6.9 万 t 竹林碳汇，在福建海峡股权交易中心挂牌，以 18 元 /t、总价 124.2 万元成功销售给智胜化工股份有限公司，开创了福建省竹林碳汇交易的先河。

（二）大力延长林业碳汇产品链条，丰富林业碳汇产品供给体系

为进一步提升林业碳汇项目影响，扩展项目受益范围，继开发成功森林经营和竹林碳汇项目后，针对林农和村集体难以参与场内碳汇项目的实际，研发创立了《"一元碳汇"项目方法学》，创新开发了林业碳汇交易新产品——"一元碳汇"。

"一元碳汇"是林业碳汇场外交易的新模式，是林业碳汇市场的有机组成部分，两者共同构成林业碳汇市场多层次差别化、相互支撑补充的产品供给体系。"一元碳汇"的开发，显著降低了林业碳汇项目申报门槛，彻底突破"场内"碳汇项目林农和村集体难以参与的瓶颈，林农或村集体所有的林地、林木达到 667m² 以上即可申请加入，为林农群众和农村集体经济组织直接进入林业碳汇市场搭建起了便捷的快速通道。

项目以村、户的林地开发破题，通过经营保护措施额外增加的碳汇量作为交易的生态产品，利用微信小程序，以 1 元 10kg 碳的价格向社会出售。目前在"一元碳汇"微信平台，已有 10611 人次认购了 8108t CO_2e 碳汇量，认购金额 81.08 万元，惠及林农 769 户。看不见的林业碳汇变成了看得见的"真金白银"。项目区林农当起了新时代的"卖碳翁"，不砍树靠"卖碳"也能增加收入。"一元碳汇"项目有效巩固脱贫攻坚成果，接续助力乡村振兴，实现了为民惠民、便民利民的项目初衷，让林农群众实实在在享受到林业碳汇项目开发的成果。

（三）努力拓展林业碳汇功能应用，创新"碳汇+"功能应用场景

顺昌县积极拓展"碳汇+"模式，丰富林业碳汇产品功能应用场景，深耕细化林业碳汇市场，全力扩大市场规模，形成了"碳汇+生态司法""碳汇+社会活动""碳汇+旅游""碳汇+金融"等多种应用模式。

2020 年 3 月，全国首个"碳汇+生态司法"案件在顺昌开庭。该案被告人以自愿认购"碳汇"方式替代修复受损生态环境的责任。2022 年 9 月 20 日，福建省高级人民法院和福建省林业局联合印发《关于在生态环境刑事案件中开展生态修复适用林业碳汇补偿机制的工作指引（试行）》，同意通过认购"一元碳汇"以替代履行碳汇损失赔偿责任。

2020 年 10 月 12 日，第三届数字中国建设峰会购买了 872t 竹林碳汇，实现峰会零碳排放，为峰会增添了一抹绿色。2021 年顺昌县召开的人大、政协"两会"组委会认购 17t 碳汇，首次实现顺昌县"两会"碳中和。"两会"期间，代表、委员们也积极认购林业碳汇，以实际行动倡导生态文明与碳中和理念。2021 年 8 月 10 日，顺昌县率先在国家 4A 级旅游景区——华阳山景区开展"免费游景区，一元助碳汇"活动，将"一元碳汇"与旅游产业相结合，倡导绿色旅游。2022 年 8 月 1 日，中国建设银行南平分行与顺昌国有林场合作开展"'一元碳汇'建行生活低碳消费活动"，积极引导社会公众践行"绿色低碳"的生活理念。公众认购"一元碳汇"即有机会获得"建行生活"10 元消费券。2022 年 12 月，顺昌县零碳环保公益基金会通过线上方式分别与中国银河国际控股有限公司、联谊工程（国际控股）有限公司签署《"一元碳汇"购销合同》，销售碳汇 580 余 t，用于实现两家企业 2021 年度零碳足迹及 2022 年度氢能论坛碳中和，开启了顺昌县林业碳汇跨境销售的新局面。

第二节 国际竹藤组织推动竹林碳汇走上国际舞台

一、案例背景

竹子是一种神奇的植物。早在中国南朝时期，戴凯之在其所著的世界上最早的竹类植物专著《竹谱》中将竹定义为"不刚不柔，非草非木"，形象地反映出中国古代对竹子刚柔并济，似草却又具木材刚强，似木而又有草类柔韧特性的认识。

根据国际竹藤组织和英国邱园皇家植物园对全球竹种的统计，全球已记录的竹种有 1642 种，其中木本竹种 1521 种、草本竹种 121 种。中国有 837 个竹种，占世界竹种的 51%。木本竹种，比如毛竹、龙竹等，可达二三十米高。竹子不仅提供优质的竹材资源与竹笋食品等生产生活资料，同时还提供保水固土、固碳增汇等多重生态系统服务功能。国际竹藤组织始终将保护培育竹子资源、合理利用竹林功能、发挥竹林多种功能助力应对气候变化作为自己的重要使命，推动竹林碳汇走上国际舞台。

二、竹子应对气候变化的主要途径

（一）竹林碳汇

竹子是世界上生长最快的植物。2021 年中国科学家发现，竹子具备快速生长的基因。与树木和其他常规材料相比，竹子可快速固碳且吸碳能力强。在中国，每公顷毛竹每年固碳量可达 5.09t，是速生阶段杉木的 1.46 倍，是热带山地雨林的 1.33 倍。在孟加拉国，每公顷 5 年生的龙头竹林每年可固碳 15.53t，高于 11 年生的大叶相思（10.21t）。在印度，每公顷龙头竹与巴苦竹的混交竹林每年可固碳 18.93~23.55t。总体而言，每公顷竹林可固碳 94~392t，全球竹林面积超过 3500 万 hm²，通过可持续经营可带来可观的碳储量。中国竹林总碳储量 605.5~837.9 Tg。

（二）产品碳库

采伐后的竹材可加工成各种竹产品，如各类竹板材、家具、格栅、建筑材料，以产品的形式将碳储存并保持相当一段时期。将产品碳进行换算，每公顷竹林通过产品碳库可固碳 70~130t。国际竹藤组织应用生命周期评价法，对常见建筑建材类竹产品进行研究，结果显示竹材产品是负碳产品，其碳足迹低于桉树人工林，远低于混凝土、PVC、钢铁、铝等材料。

（三）替代减排

竹产品在使用后可以自然降解，使用竹子替代塑料等，可减少碳排放，有助于实现全球和国家碳中和目标。竹制品以其天然、绿色、低碳、环保、可再生、可生物降解、可循环等优势，提供塑料品替代方案，有利于减少塑料制品及其全生命周期的碳排放。例如，用竹格填料替代火电冷却塔中的 PVC 填料，可提高热交换效率，竹格填料的实际出水温度比 PVC 填料降低了 0.98℃，比使用 PVC 填料节约 529.2t 标煤。同体积竹格填料替换 PVC 填料后，CO_2 的排放量减少了 86%。

（四）循环减排

建立竹产业链、供应链、发展竹循环经济与低碳园区，提高资源利用率、回收和再利用率、加大非化石能源的使用率、优化物料物流等，可减少过程中的碳泄漏。使用竹炭替代木炭，可减少森林采伐与毁林导致的碳排放，同时竹炭热值较高，灰分少，燃烧烟尘少，更加有益于健康。竹颗粒燃料更可用于工业能源供给。

三、推动竹子碳汇走进国际视野

（一）宣介竹子巨大作用，提高国际社会认识

直到 21 世纪初，国际社会对竹子的作用知之甚少，国际研究亦鲜见报道，国际气候谈判鲜有竹子议题。国际竹藤组织于 2008 年开展了竹子与其他速生树种碳汇潜力的对比研究，并形成技术报告《竹子与减缓气候变化：竹林碳汇比较研究》。结果显示，每公顷的毛竹林可以在 60 年内储存 306t C，而同等条件下杉木的碳储量为 178t。2009 年 12 月，国际竹藤组织在丹麦哥本哈根举办的第十五次缔约方大会（COP15）期间发布《竹子与减缓气候变化》研究简报，引发国际社会关注。2010 年，国际竹藤组织在墨西哥坎昆举办的第十六次缔约方大会（COP16）期间，正式发布《竹子与减缓气候变化：竹林碳汇综合研究》技术报告，在国际上第一次比较系统地对比研究竹子的碳汇潜力。国际竹藤组织在会上指出，竹子固碳的速度至少能与速生树种相媲美，积极的管理和合理的采伐能够增加竹子的固碳量，竹子的可持续经营和利用能够帮助推动绿色经济增长，是应对气候变化和消除贫困的双赢方案。许多与会的国家代表、研究机构以及环保组织充分肯定了该技术报告，并表示未来在国家造林与退化地恢复项目中，优先考虑使用竹子，同时希望得到国际竹藤组织和中国研究团队的技术指导。2011 年 3 月 2 日，国际竹藤组织与中国绿色碳汇基金会在北京签订合作备忘录，就竹林可持续经营和利用与应对气候变化开展合作，旨在推动国际社会增进对竹子在减缓气候变化中重要作用的认识，推进竹子为全球经济社会发展以及应对气候变化作出更大贡献。国际竹藤组织多次邀请中国绿色碳汇基金会、浙江农林大学等专家团队在其举办的国际会议与活动中介绍中国的实践经验与研究成果。

国际竹藤组织通过积极参与《公约》缔约方大会、联合国大会、联合国森林论坛等，举办边会、高级别对话、国际会议、开展试点研究、发表声明、发布研究简报、政策简报、技术报告、工作论文等，宣介固碳减贫协同效应、分享国家实践案例，极大地增进国际社会对竹子减缓与适应气候变化作用的认识，促进和推动国际社会把竹林纳入林业议题和森林碳汇减排范畴，推动成员国采取积极行动，将竹子作为其经济发展和退化土地恢复的重要抓手，并纳入相关政策框架。此外，还带动全球科学家进一步的研究与探索，促进学术交流，越来越多的竹子碳汇研究见诸国际期刊与报道。

（二）支持和推动竹林碳汇方法学的制定和培训

要衡量某一地区一定面积的竹林碳汇量，就需要有一整套计量标准与方法。2008年，中国首个竹子碳汇造林项目"浙江临安毛竹碳汇造林试点项目"在浙江启动。基于项目观测数据与成果，依托浙江农林大学和国际竹藤组织的竹林碳汇研究成果，2011年，由国家林业局造林绿化管理司（气候办）组织编制，浙江农林大学、国际竹藤组织、中国绿色碳汇基金会、中国标准化研究院、中国林业科学研究院亚热带林业研究所和华东林业产权交易所等单位的专家，共同研究起草了中国首个用于全面指导竹子碳汇造林项目开发的标准——《竹子造林碳汇项目方法学》。同年11月，还在北京举办的亚太林业周以及南非德班举办的第十七次缔约方大会（COP17）上广泛征求国外专家的意见，修改完善，形成了方法学（送审稿），2012年4月通过了专家评审委员会的评审，填补了竹子碳汇造林方法学标准的国际空白。2012年11月，该方法学（又名《竹林项目碳汇计量与监测方法学》）由国家林业局造林绿化管理司（气候办）正式印发。随后，该方法学获得国家发展和改革委员会审核备案，纳入中国自愿核证减排量体系。2013年，国际竹藤组织编写了《中国竹子造林项目碳汇计量与监测方法学》英文译本，并在同年于波兰华沙举办的第十九次缔约方大会（COP19）期间，与中国绿色碳汇基金会在中国角共同举办了"林业碳汇的产权及其标准化"边会，正式发布该方法学英文译本。后续，国际竹藤组织组织浙江农林大学等专家团队，在非洲国家开展了竹林碳汇项目开发的技术培训。

（三）在成员国推动竹林碳汇项目的发展

为在世界范围内推动竹林碳汇工作，验证全球不同的自然和社会经济条件下竹子碳汇造林方法学的适用性，探索竹子碳汇造林、发展竹产业和促进农民脱贫致富与适应气候变化相结合的有效途径，应国际竹藤组织成员国邀请，经国家林业局批准，2012 年 6 月—7 月，中国绿色碳汇基金会、国际竹藤组织、浙江农林大学和中国林业科学研究院亚热带林业研究所在非洲肯尼亚和埃塞俄比亚两国分别联合开展"竹子碳汇造林方法学"国外试点工作。

随着各国的相关需求日益增多，2015 年 9 月 7 日，在南非德班世界林业大会上，国际竹藤组织正式启动全球竹藤资源评价旗舰项目，进一步支持成员国评估竹藤资源及其在减缓和适应气候变化、修复退化土地方面的潜力，基于科学评估，帮助成员国制定协同社会发展与环境保护、提高应对气候变化能力的竹藤发展战略。国际竹藤组织还鼓励各国将竹与藤纳入国家自主贡献的范畴，为《巴黎协定》作出贡献。

为了填补国际上竹林生物量清查方法的空缺，提高竹资源国家开展竹林生物量清查的能力，国际竹藤组织编写《竹林生物量及碳汇评估指南》并出版，并得到 IPCC 的支持。同时，国际竹藤组织还开发了基于移动端的便捷化的竹林清查工具，在成员国开展国际技术培训。在国际竹藤组织的支持与指导下，不少国家开展了竹林资源清查工作，包括埃塞俄比亚、肯尼亚、加纳、马达加斯加、牙买加、利比里亚、越南、厄瓜多尔等，埃塞俄比亚和肯尼亚等国家还制定了竹子应对气候变化国家战略。此外，在乌干达开发了竹子碳汇项目。

第三节　亚太森林恢复与可持续管理组织为万掌山林场建立数字森林模型

中国为实现 2060 年前碳中和目标，除大力节能减排外，还必须全力加强森林经营工作。亚太森林恢复与可持续管理组织（APFNet）支持专家团队，依据中国的森林碳汇方法学，依托森林模型 FSOS（http://forestcloud.cn）平台，为云南省普洱市万掌山林场建立了数字森林模型，分析比较了不同经营方案的固碳量与碳汇潜力。

一、前言

森林经营在应对气候变化中有着重要作用，树木通过光合作用把太阳能转成生物质能源，吸收大气中的二氧化碳，合理利用木材也会储存大量的二氧化碳，同时用木材建造房屋，代替一部分钢筋水泥，可以使建筑业节能减排 50%。特别是森林经营可以降低火灾与病虫害风险，稳固森林的固碳量，是碳中和的保障。很多关于森林碳汇的研究忽略了森林经营方案的时空维度，或者考虑不够长远，误导人们的认识。在短期内，有的森林经营措施可能会让森林成为碳源，但是从长期看，合理的森林经营会可持续地增加与稳定森林的固碳能力。森林既有多种功能，又有长远效益。实现森林多功能长期持续协调发展是一项复杂的系统工程。在森林的长期宏观战略目标指导下，编制和实施好经营方案是森林经营规划和管理工作的核心任务。特别是在国家碳中和的背景下，充分发挥森林的固碳增汇潜力越来越重要。从 30 年前开始，北美国家就已经用森林模型分析工具来编制森林规划和森林经营方案。该工具可以帮助我们学习理解森林的经营历程，探索当前的发展机遇，展示未来的发展方向，优化平衡和协调发挥森林的三大功能。中国碳中和要求我们森林规划至少要考虑到 2060 年，此后每年也要保持碳中和，加强节能减排和森林经营必须从现在开始，针对长远的战略目标，编制系统的碳中和方案，一年做一点，就会慢慢实现我们的碳中和目标。否则 2060 年碳中和就成了一句空话，即使能实现碳中和目标也要为之付出巨大的代价。几十年来，出于生态环境保护目的，各个国家都不断地创设新的森林经营规则，如生态红线、择伐、禁伐、商品林、公益林、针阔混交化、异龄复层化、大径材培育等，规则越来越多，森林经营方案编制工作越来越复杂，编制的经营方案也无法落地实施，更无法监督。

亚太森林恢复与可持续管理组织（APFNet）支持专家团队，依据中国的森林碳汇方法学，采用万掌山林场每木调查表数据（2019 年）、万掌山林场矢量数据（2019 年）、思茅区河流道路矢量数据（2012 年）、思茅区地形及影像数据等，密切结合森林资源现状及特点，以巩固提升森林固碳增汇能力，平衡协调森林的碳汇功能与非碳功能为目标，运用森林模型 FSOS，模拟分析和比较多种经营方案，制定巩固提升森林固碳增汇能力，同时兼顾木材生产经济功能和其他效益的经营方案。

二、模型和方法

①构建生长模型。利用林分生长模型预测森林的生长收获量是森林经营和管理的基础。技术团队在查阅大量有关滇南地区主要树种的生长参数相关论文后，选择了四种生长模型，分别为冈伯茨模型（SGompertz）、理查兹模型（SRichards2）、韦布尔模型（SWeibull2）、逻辑斯蒂模型（SLogistic3），以思茅区的小班数据作为样本数据（起源、优势树种、林龄、每公顷蓄积量、平均树高、平均胸径等字段）进行拟合并比较拟合结果，选择最佳结果的生长曲线模型。

②构建森林模型。本项目使用森林模拟优化系统模型 FSOS，在尊重自然的前提下，树立全局观、系统观、动态观、共赢观。总原则是着眼长远、立足当下；全局统筹、兼顾区域；目标导向、实时调整。从目标和问题出发，让森林多功能协调可持续发展。尽量不预先设限，要有动态和开放的思想，探索各种可能的发展机会。运用大数据、云计算和人工智能等技术，精打细算，系统规划，发展与保护共赢。

③固碳量计算方法。FSOS 模型提供了两种固碳量计算模型，分别是加拿大碳收支模型 CBM-CFS3（Carbon Budget Model of the Canadian Forest Sector Model）和基于中国的《森林经营碳汇项目方法学》开发的固碳量计算模型。固碳量计算公式及参数均来源于《森林经营碳汇项目方法学》。

三、结果

本项目使用 FSOS 分析比较了 3 个不同的森林经营方案：

方案 1：不采取任何经营措施，所有森林自然状态下生长，考虑自然更新；

方案 2：只经营用材林；

方案 3：既经营用材林也经营公益林。

①固碳量对比。到 2045 年后（21 年后），两个经营方案（方案 2 和方案 3）的固碳量都会超过不经营方案（方案 1）。到 2130 年后（106 年后），方案 2 的固碳量和方案 3 基本一致；方案 1 由于自然更新，固碳量变化较大。到规划期结束（即 2220 年），方案 2 和方案 3 固碳量从现在的 320 万 t 增加到 590 万 t，即增加 270 万 t（增加 84%），方案 2 和方案 3 森林固碳量都远超过

方案 1，经营方案的木材产品固碳量弥补了森林固碳量的降低，由此可见森林经营会增加固碳量（图 16-1）。木产品主要考虑建筑用材，使用寿命按 50年计算，木产品寿命越长，累积固碳量越高。

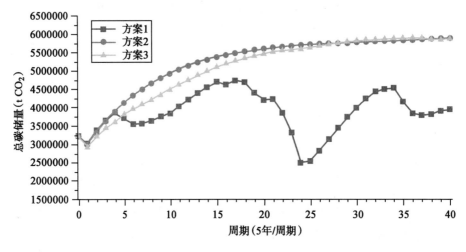

图 16-1　不同经营方案森林固碳量比较

②木材产量对比。方案 1 不经营，所有木材产量为 0。方案 2 规划周期前 100 年木材产量可以维持在每年 1 万 m³；然后（2120—2220 年），木材产量可以增加到每年 1.5 万 m³。方案 3 可持续的木材产量可达 2.5 万 m³（图 16-2）。方案 1 由于自然更新导致蓄积量波动较大；方案 2 的蓄积量高于方案 3，主要是由于方案 2 木材采伐量较低（图 16-3）。

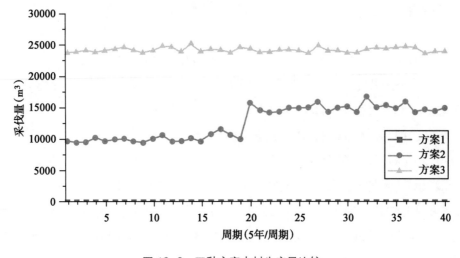

图 16-2　三种方案木材生产量比较

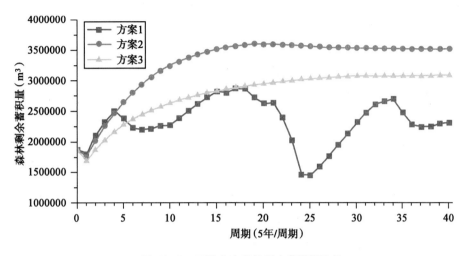

图 16-3 三种方案森林剩余蓄积量比较

③三个方案产值对比。本项目所有木材采用最保守的价格 800 元/m³，图 16-4 表明，森林经营能够明显提高该区域经济产值，经济产值变化趋势与木材采伐量一致。方案 2 的产值每年在 1000 万~1300 万元；方案 3 产值至少每年 2000 万元；方案 1 没有生产木材，仅考虑了碳汇价值。由于自然更新，森林有时是碳汇，有时是碳源，本项目只考虑碳汇价值。

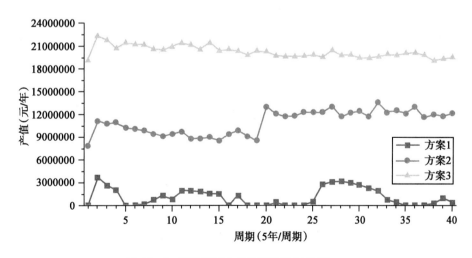

图 16-4 三种经营方案产值变化对比图

四、结论

数字森林模型是规划设计森林的有效工具，可以帮助了解森林的过去，预测森林的未来，确定最佳经营方案以创造理想的森林，提高固碳增汇能力，平衡系统优化森林生态系统的多种功能。森林模型帮助我们比较不同经营方案对固碳与碳汇能力的影响，找到可持续提升固碳增汇能力的经营方法，让未来森林碳汇管理可视化、智能化、标准化，并为监督与核查提供条件。森林就算没有人为干预，碳汇也在变化，某年是碳汇，某年又成了碳源，森林火灾和病虫害时有发生，森林固碳量波动很大，没有模型，很难预测未来与设计未来。本项目发现森林的可持续经营不但可以提高森林固碳增汇能力，还可提高木材产量，让经济和生态共赢。

本项目分析比较了 3 个不同经营方案，即不经营（方案 1），经营用材林（方案 2）和经营所有森林（方案 3）。结果表明，到 2045 年后（21 年后），方案 2 和方案 3 的固碳量都会超过方案 1。到 2130 年后（106 年后），方案 2 和方案 3 的固碳量基本一致。到规划期结束（即 2220 年），方案 1 由于自然更新，固碳量变化较大；方案 2 和方案 3 固碳量从现在的 320 万 t 增加到 590 万 t，增加 84%，固碳量都远超方案 1。由此可见，森林经营会增加固碳量，木材生产和碳汇可以共赢，并且森林经营让森林结构均匀稳定，降低火灾与病虫害风险，固碳量也比较稳定。

方案 3 可持续的木材年生产量可达 2.5 万 m³，固碳量达 590 万 t。方案 2 近 100 年木材生产量可以维持在 1 万 m³；2120—2220 年，木材年生产量可提高到 1.5 万 m³。方案 2 的固碳量可以维持在 590 万 t，与方案 3 固碳量基本一致，木产品固碳量的增加弥补了森林固碳量的降低。方案 1 不但没有木材生产，长期的固碳量最高仅为 450 万 t，是 3 个方案中最低的。

五、启示

宏观战略规划确定森林经营的目标和发展方向，分析潜在的机会、风险和应对措施。中期战术规划是将长期战略方案落实到山头地块。短期经营方案是在宏观战略规划和中期战术规划框架下更详细的实施方案。长期宏观战略方案是短期经营方案的指导方针和框架；短期经营方案是长期战略落实的具体手段。过去 30 多年，在北美、南美、澳洲和欧洲的发达国家一直用两个不同模型来做长期宏观战略分析和中期战术规划，但是随着大数据、云计算、人工智能和计算能力的发展与提高，FSOS 将森林长期战略规划、中期战术规划和短期经营方案用一个模型完成，让三级规划无缝接轨，极大地减轻了工作量，提高了规划质量。FSOS 使用人工智能优化算法（遗传算法和蚁群算法），森林可持续固碳增汇能力是模型的驱动力之一，增加固碳增汇能力的同时，优化平衡协调其他经济和生态功能，确保多种功能可持续协调发挥。特别是森林经营还可降低森林火灾与病虫害风险，提高森林固碳增汇的可靠性。模型模拟证明，加强经营，是更好处理保护与发展关系的必然要求，而运用好模型，是提高处理两者关系的有效工具。

第四节 第二届世界竹藤大会推动基于自然的可持续发展解决方案

中国"双碳"战略发展对新时代竹藤产业发展提出了新的要求。竹藤产业的高质量发展，对改善全球生态环境、减缓气候变化、促进经济社会发展具有重要的现实意义，在发展绿色经济、传播生态文明理念、保障国家木材安全和生态安全、促进乡村振兴、服务"双碳"等国家重大战略中发挥着重要作用。

一、大会主题

2022 年 11 月 7 日—8 日，在北京举行的第二届世界竹藤大会以"竹藤——基于自然的可持续发展解决方案"为主题，致力于推动竹藤产业健康发展，助力实现碳中和目标，探索竹藤发展新机遇，打造竹藤对话新平台。

二、主要内容

（一）大使对话

喀麦隆、厄瓜多尔、埃塞俄比亚、巴拿马等国驻华大使和 FAO 驻华代表围绕"以竹代塑"议题，介绍了各自国家或组织有关限塑或禁塑的现行政策、法规、规范及其实施等情况，分享了为实现从塑料过渡到其他替代品而采取的有效激励和抑制措施以及制约因素，探讨了包括竹子作为塑料替代品所需的政策、技术、投资、金融机制和市场发展的支持框架，为今后落实"以竹代塑"倡议提供了有益的借鉴。

（二）特邀报告

国际竹藤组织董事会联合主席、国际竹藤中心首席科学家、国际木材科学院院士江泽慧教授，FAO 高级林业官员、森林和景观恢复机制协调员克里斯托夫·贝萨西耶，中国工程院院士、北京林业大学原校长尹伟伦教授，荷兰代尔夫特理工大学巴勃罗·范德卢特博士，以他们亲历的实践、生动的案例、翔实的数据、精辟的观点，为在全球范围内促进生态系统恢复、经济社会发展、应对气候变化、推动可持续发展、"以竹代塑"倡议落实等提供了理论指导和经验借鉴。

（三）平行会议

大会围绕迈向碳中和之路、助推绿色经济发展、创新材料与市场开发和共促产业和谐包容发展等 4 个专题，举办了 36 场平行会议，共有 159 个单位 240 多位专家做报告，1000 多人线上参会。平行会议深入探讨"以竹代塑"，并针对竹林培育、竹藤资源开发、竹林生态系统服务价值核算、可持续经营管理、生物多样性保护、林下经济与竹林康养产业发展等重点问题，展开了高端学术对话，多角度、全方位地展示了最新的研究成果，展现了竹藤资源的生态、经济和社会价值，为竹子在助力全球应对气候变化，助力碳达峰碳中和目标等领域提供了全球化视角。

三、主要成效

（一）发布"以竹代塑"倡议

2022 年 6 月 24 日，国际竹藤组织提出的"以竹代塑"倡议被列入全球发展高层对话会成果清单，中国政府在全球发展倡议框架下，与国际竹藤组织共同发起"以竹代塑"倡议，呼吁通过开发创新竹制品替代塑料制品，推动解决环境和气候问题，助力全球可持续发展。"以竹代塑"为全球治理塑料污染提供了新思路，是落实全球发展倡议的具体行动，是应对气候变化、促进入与自然和谐共生的重大举措。大会上，各国政府官员、专家通过大使对话、特邀报告等形式，共同探讨"以竹代塑"的解决思路与对策，引起国际社会的广泛关注和支持。大会的 4 场平行会议从"以竹代塑"倡议、政策、规划与行动等多个角度进行深入研讨，形成了一系列共识。

（二）探讨了竹在碳中和与绿色发展中的作用

竹子碳汇潜力巨大，我国十大主要竹种的碳密度为 86.29~181.81t/hm^2，竹林生态系统现存碳储量约为 7.80 亿 t。竹林还是巨大的植硅体碳汇，我国竹林生态系统植硅体碳汇量约为 4.54×10^7 t CO_2e，占我国森林植硅体碳汇的 30% 左右。竹子作为地球上生长最快的物种之一，可以封存大量生态系统中的碳，可持续的原料收获与利用使低碳足迹的竹产品替代碳密集型材料成为可能；而耐用竹产品则可以长时间储存碳，从而助力实现碳中和目标。凭借多元化的竹产品、应用领域和充满机遇的产业前景，竹子可以推动乡村振兴、促进绿色经济增长。浙江农林大学周国模教授在竹林经营与增汇减排边会上发布了"十大类"，倡导全民低碳生活，助力美丽中国建设。

（三）探讨了竹材产品碳库潜力

通过竹材生产加工设备低碳化高效化改造、碳储存效益优异新型竹材产品研发、多跨协同数智化管理开发等技术和手段，扩容竹材产品碳库，推动一、二、三产业协同高质量发展。竹林每年提供约 22.5% 材质资源利用，形成巨大的竹材产品碳库，2018 年我国竹林转移至竹板材产品中的碳储量达到 1870 万 t。传统板材加工工艺综合碳转移率为 37.0%，先进原竹板材展开技术综合碳转移率提高至 52.4%~74.4%。近年来，我国攻克了一系列原竹利用技术，替代了高耗能的建筑材料，在国际上首次设计了大跨度圆竹集束拱结构；创新设计了交叉栓接方式，显著提高了竹拱集束效应、束拱刚度、稳定性和承载力，性能安全可靠。竹缠绕复合材料可用于地下压力管道、管廊等，竹缠绕复合管替代 PVC 管后，累计降低能源需求 77%，总环境负担减少 88%。

（四）探讨了竹能源在助力"双碳"实现过程中的贡献、价值和前景

"双碳"背景下，竹子能源面临的机遇与挑战并存，由于竹材独特的结构，在加工成竹产品的过程中产生 50%~70% 的剩余物，这是开发生物质能源的潜在资源。大会围绕竹基固体能源材料的技术创新与应用、竹炭清洁生产与副产物高值化利用、竹材气化多联产和竹活性炭等议题进行了深入探讨。

竹炭是竹材加工领域利用率最高的一种形式，可产生高附加值的固、气、液态产品，在"双碳"的背景下，要加强竹成型炭清洁生产的创新技术和装备研发，不断扩大竹炭的应用领域。应加快竹材固体能源创新技术研究，构建其标准体系，推进产业创新发展和转型升级。

（五）探讨了碳中和背景下竹林生物多样性保护、生态系统适应性管理与可持续发展

大会举办了"碳中和背景下竹林生物多样性保护生态系统适应性管理与可持续发展"边会，展示了最新的科学及实践研究成果。专家纷纷表示，竹林生态系统如何在缓解贫困及可持续发展中发挥具体的作用，如何在面对未来严峻的气候变化中践行碳中和，仍然是未来需要进一步探讨的问题。未来要进一步共同努力，以竹的自然介入，创建美好人居。

（六）探讨了竹藤产业发展模式和竹藤产品贸易机制

大会通过举办"竹藤产业集群促进区域发展与绿色转型国际研讨会""促进竹藤商品的贸易便利化"等平行会议，围绕竹藤产业政策、能力建设，经营管理模式，竹藤产品的创新和推广等问题展开了研讨交流，深入挖掘了竹藤资源在增收致富、降碳减塑、绿色经济领域的巨大潜能和价值，分享了一批成功创新案例、促进竹产业发展模式和产品贸易机制的建立和完善，为竹企业转型升级提供了新思路，为新时代竹产业创新发展注入了新动能。

（七）探讨了世界遗产地减碳与低碳发展的新路径

大会期间，联合国教科文组织驻华代表处和国际竹藤组织联合举办了主题为"竹乡碳计：世界遗产地减碳与低碳发展的新路径"边会。联合国教科文组织提出，世界遗产地拥有生物多样性丰富的生态系统，在吸收大气中二氧化碳的同时，还储存了大量的碳，鼓励探索遗产对促进可持续发展的巨大潜力，世界遗产地及其所蕴含的森林、竹林、海洋以及活态遗产等为人类应对气候变化提供了新的思路和方法，对世界遗产在应对气候变化方面的作用进行了探讨，并讨论如何通过创设低碳和可持续的环境、发展低碳文化旅游、开展遗产教育和价值传播等，来践行"人与自然和谐共生"理念。

四、经验启示

（一）国际交流促进世界竹藤事业可持续发展

结合跨国界生物多样性保护和可持续发展行动等，大会深入探讨了竹藤国际标准和商品贸易在促进区域经济合作、推动发展中国家可持续发展进程中的重要作用，分享了世界各地开发利用竹子的实践经验和范式，在竹藤国际项目、竹藤国际标准制定等方面进一步深化了国际合作与交流，为世界竹藤可持续发展起到了积极推动作用。

（二）国际交流推动了竹藤事业的媒体宣传

中国国际电视台对国际竹藤组织总干事穆秋姆等与会嘉宾进行了专访，并通过多个语种，第一时间向全球报道了大会盛况。国外媒体也给予了关注。古巴拉丁美洲通讯社为国际竹藤组织拉美成员国国家了解大会情况提供了及时、全面的报道。加纳媒体热议"竹子可以缓解气候变化的影响"，喀麦隆媒体报道了中国和国际竹藤组织启动的"以竹代塑"倡议，尼日利亚媒体关注"竹藤作为基于自然的可持续解决方案"的实践，英国、马来西亚、墨西哥、尼日利亚、俄罗斯、土耳其等国家的媒体报道了习近平主席为大会致贺信的消息。

（三）国际交流增强了公众对竹藤价值和作用的认识

大会的成功举办，促进了公众对竹藤资源价值和作用的认识。同时，国际交流提升了国际社会对"以竹代塑"巨大潜力的关注和支持，聚焦竹藤产业前沿领域，广泛开展国际合作，在落实"以竹代塑"倡议和行动计划、助力"双碳"目标实现、促进绿色经济发展等方面凝聚了广泛共识，对世界竹藤事业高质量发展产生了深远影响。

第五节　提升热带泥炭地火灾碳排放估算水平

一、案例背景

泥炭地是由泥炭层和湿地植被组成的一种重要生态系统，在全球碳循环中发挥着重要作用。东南亚的热带泥炭地面积约为 24.8 万 hm²，约占世界泥炭地总量的 56%。印度尼西亚的热带泥炭地碳储量位于全球首位，面积约为 14.9 万 hm²，占东南亚泥炭地面积的 60%。该国经济社会的快速发展给其农林业带来了巨大压力，尤其是用于农业和种植园的泥炭地排水后，人为火烧清除地面植被和天然火灾频发，不仅排放了大量温室气体，同时产生的烟雾污染甚至波及到东南亚多个国家。近几十年来，印度尼西亚泥炭沼泽森林砍伐和排水后导致泥炭地火灾空前高发，一些地区的泥炭沼泽森林呈现快速退化，全国泥炭沼泽森林退化和泥炭地燃烧产生的温室气体排放约占其土地利用部门排放量的 50%。

针对泥炭地火灾的碳排放计算存在很大不确定性，主要是由于这涉及多个估算和假设，例如对泥炭层深度和密度、燃烧效率、碳含量等估算差异较大（Krisnawati et al.，2023）。在以往的泥炭地碳排放量计算中，通常假设一次火灾释放泥炭层 100% 的碳和地上层 50% 的碳，但事实并非如此。泥炭地火灾通常以阴燃（一种无火焰的燃烧形式）为主，能在雨天、低温、潮湿和几乎没有氧气的条件下持续存在，甚至长达数周或数月。当泥炭地火灾熄灭后，如果缺乏基线数据来确定燃烧模式，难以判断泥炭地燃烧了多少、释放了多少碳。IPCC 针对泥炭地火灾温室气体排放仅基于非常有限的研究，其给定的标准参数具有很大局限性。LULUCF 领域的碳排放量在印度尼西亚总碳排放中比重最大，不准确的泥炭地火灾碳排放估算可能对印度尼西亚碳减排造成严重影响。因此，当印度尼西亚设定其国家自主贡献——承诺到 2030 年将排放量相对于现状情景减少 29% 时，泥炭地火灾的排放未纳入其向《公约》秘书处提交的森林参考排放水平（FREL），且印度尼西亚政府也未将泥炭地火灾的碳排放列入向《公约》秘书处提交的正式报告中。因此，改进泥炭地火灾碳排放计算方法并提升相关参数的准确度，有助于更准确地估算整体森林碳排放；加之经验数据缺乏，印度尼西亚政府也不能从使用预设非特定公式的一级报告转向使用特定计算公式的二级报告。

为有效解决这一问题，中国政府资助亚太森林恢复与可持续管理组织于 2019—2022 年实施了"印度尼西亚泥炭地火灾温室气体排放计量项目"，该项目由印度尼西亚森林研究与发展中心、印度尼西亚林业与环境研究发展与创新局、澳大利亚墨尔本大学共同实施。项目提供了关于泥炭地火灾碳排放缺失的实证数据并改进了碳排放估算参数，有助于更准确地计算不同燃烧情形下泥炭地排放量，并结合曾经的泥炭地火灾排放量数据预测其对印度尼西亚长期碳排放的影响。

二、主要做法

（一）开展文献研究并确定现有碳排放估算主要缺陷

为提高泥炭地火灾排放估算的准确性，项目专家首先开展了全面的文献研究，了解不同泥炭地火灾频率下的泥炭地碳库及其变化，筛选确定现有国际指南中计算泥炭地燃烧碳排放已有的参数。文献研究发现，已有文献中关于泥炭地火灾排放计算参数存在诸多不足，十分有限的研究仅分析了一次或多次火灾对燃烧效率的响应，且没有充分考虑枯死木碳和热解碳对泥炭地火灾排放的影响。如在传统计算方法中，热解碳约占反复燃烧的泥炭地地上碳储量的12%，但它不在 IPCC 对碳库的定义中，被排除在地上碳储量和泥炭林火灾排放统计之外，这可能导致高估泥炭地火灾碳排放。

（二）开展泥炭地燃烧数据收集

泥炭地燃烧样地设在印度尼西亚加里曼丹岛的塞班高国家公园（Sebangau National Park）和努沙图姆邦（Tunbang Nusa）实验林内。样地选择完整的泥炭沼泽森林和不同退化程度的泥炭沼泽森林。数据收集过程中，获取不同燃烧阶段（未燃烧、燃烧一次、两次或三次以上）的数据并进行分析，以了解火灾强度、燃料类型、森林退化阶段和排放物释放之间的关系，并建立通用公式，以适用于任何燃烧过的地块，从而使燃烧地块的碳排放量计算更加简便易行。

项目研究发现，目前关于泥炭地火灾燃烧因子的假设过于简化，如对第一次火灾的地上燃料燃烧因子值通常假设为 0.5，对于此后的火灾则没有规定，而泥炭层土壤的燃烧因子值为 1（通常未观察到 100% 燃烧），导致泥炭火灾温室气体排放估算存在较大不确定性。因而，IPCC 建议制定适用于各国的燃烧因子，以更准确估算泥炭地碳排放。据测算，印度尼西亚的泥炭燃烧因子（从 10~50cm 深度）可能比 IPCC 发布的有关指南提供的燃烧因子缺省值要低 30%~60%，这意味着印度尼西亚泥炭地本身产生的排放量可能比 IPCC 给予的泥炭地燃烧因子缺省值低 2~4 倍。

项目研究还发现，火灾频率和持续时间对地上碳库的碳分布有重大影响。

原始森林和长期未受干扰的次生林地上碳储量几乎是刚烧毁森林的 2 倍，而连续经历 2 次火灾烧毁的不同类型森林地上碳储量基本相当。原始森林地下 1m 范围内碳储存比次生林多 30%。总的来看，长期未燃烧的森林比受近期火灾影响的森林储存了更多的地上碳；初次火灾平均减少地上碳 20%，而多次火灾可导致高达 55% 的地上碳库损失。一次火灾后，地面会保留大量的枯死木碳；第二次火灾后，仍有约 1/2 的枯死木碳被保留或转化为热解碳；而在 2 次连续火灾后，只有大约 1/3 的枯死木碳和热解碳残留在地表，且分布会大幅度变化。

（三）建立泥炭地采样标准规程

鉴于尚无标准程序来规范泥炭地火灾排放的采样程序，项目组织开发了一个通用的综合采样规程，以应对泥炭地火灾后不同恢复阶段森林生物量的差异及其相应的计算难题。规程中明确了对活立木、枯死树、粗木质碎屑（CWD）、地面覆盖物（草和小灌木）、枯枝落叶、热解碳、顶部泥炭层（0~10cm）、中等泥炭层（10~50cm）、深层泥炭层（50~100cm）、100cm 以上泥炭层和矿土表面等进行采样的具体做法和要求。目前，该采样规程已被制成印尼语的便携手册，广泛用于泥炭地火灾外业采样工作。

（四）项目研究成果应用

项目团队与印度尼西亚政府保持密切合作，协助修订了适用于印度尼西亚的泥炭地温室气体排放计算参数，特别是修订了泥炭地燃烧因子——该因子随着泥炭燃烧深度不同而变化，范围为 0.39~0.68，而非以前采用的默认值 1.0。项目还修订了随火灾频率变化的泥炭体积密度和泥炭碳含量等参数，并将这些参数更新用于泥炭地火灾的碳排放估算。基于项目研究结论，项目专家还为印度尼西亚泥炭沼泽森林的减排制定了政策建议。

三、结论

总体来看，通过实施印度尼西亚泥炭地火灾温室气体排放计量项目，不仅完善了印度尼西亚政府向《公约》秘书处提交正式报告的计算依据及结果，提升了印度尼西亚的气候变化国家报告质量，还为科学界进行全球泥炭地森林火灾碳排放估算提供了大量泥炭地火灾的经验数据、更为可靠的计量方法和估算参数，提升了全球泥炭地火灾的排放估算精度，同时也为相关国家泥炭地温室气体排放估算提供借鉴，填补了知识空白。

第十七章

加强宣传倡导：林业在"双碳"进程中的行动先导

林业碳汇宣传工作作为林草宣传事业的重要组成部分，是贯彻落实习近平生态文明思想、积极稳妥推进碳达峰碳中和的前沿阵地和重要支撑，发挥着统一思想、凝聚力量、解疑释惑的关键作用。本章分享了国家林业和草原局宣传中心、中国绿色时报社和中国林业出版社在林业碳汇宣传方面开展的卓有成效工作，供大家在实际工作中学习和借鉴。

第一节　奏响林业碳汇强音　助力实现"双碳"目标

近年来，习近平总书记对森林碳库作用作出一系列重要指示，这些重要论断赋予了林业助力实现"双碳"目标的时代使命，也为推进林业碳汇宣传工作指明了前进方向、提供了根本遵循。要坚持以习近平生态文明思想为指导，充分发挥林草宣传效能，持续开展新闻宣传、社会宣传、新媒体宣传，积极引导公众广泛参与，奋力推进林业碳汇宣传工作迈上新台阶。

一、林业碳汇宣传工作取得的新进展

长期以来，林草宣传战线紧紧围绕党中央、国务院确定的"双碳"目标任务，切实增强"四个意识"、坚定"四个自信"、做到"两个维护"，深入贯彻和大力宣传习近平生态文明思想，广泛宣传林业碳汇创新举措，深入报道林业固碳增汇潜力，以有力的宣传实践助力林业服务"双碳"战略。

（一）理论政策宣传阐释不断深入

全面宣传报道习近平总书记参加首都义务植树活动，特别是提出的森林是碳库重要论述，协调中央和局属媒体推出总书记关心国土绿化综述报道、宣传阐释解读及全媒体报道，广泛报道林业碳汇取得的经验成效。大力宣传推进三北工程建设、湿地保护、森林可持续经营等方面的重大规划、政策，集中展示林业碳汇形成的生动实践。

（二）重大主题宣传成效显著

召开中国森林资源核算研究成果新闻发布会，集中宣传林业助力实现

碳中和目标的重要科学依据。积极宣传科普林业碳汇知识，多次协调中央媒体和组织局属媒体，深入报道林草碳汇计量监测体系和林业碳汇交易方面的探索实践。大力宣传推广碳排放权交易试点典型经验做法，围绕《生态系统碳汇能力巩固提升实施方案》《林业和草原碳汇行动方案》等内容广泛开展报道和解读。开展林业碳汇主题科普宣传活动，宣传林业碳汇助力碳达峰碳中和理念，加强典型案例经验交流和宣传推广，营造绿色低碳发展氛围。

（三）对外宣传持续加强

以习近平总书记为湿地公约大会视频致辞和世界竹藤大会致贺信一周年、"一带一路"倡议 10 周年，以及林草援外 30 周年、涉林草世界日等重大节点为契机，开展林草碳汇主题宣传活动。围绕中蒙、中阿荒漠化防治合作中心以及国际红树林中心等机构平台建设，涉林草双多边重要会议召开，以及林草在应对气候变化、生物多样性保护等领域的国际合作进展，组织推出林业碳汇专题报道，展现我国负责任大国形象。

（四）社会宣传开拓创新

围绕植树节、世界湿地日、世界森林日、全国首个生态日等重要节点，开展形式多样、内容丰富的林业碳汇主题宣传活动，产生广泛社会影响。开展"2022 守护行动"碳中和科普、"碳汇中国行"系列公益宣传活动，社会品牌效应更新更实。联合举办"绿色中国行——走进明月山暨全国三亿青少年进森林研学教育"活动，推出了一批林业碳汇主题宣传活动，有效引导更多社会力量参与生态文明建设。

（五）新媒体宣传有声有势

联合央视新媒体中心制播林业碳汇专题节目。与字节跳动公司开发的古树名木保护等科普作品实现千万级矩阵，大力宣传林业碳汇的重要功能作用。依托国家林业和草原局官网官微定期发布林业碳汇信息，"林草中国"在八大主流新媒体平台刊播的林业碳汇稿件浏览量取得新突破，"全国林草一周要闻"实现宣传形式更加新颖生动。《晓林百科》推出的"森林是碳库"专题受到广泛关注。

（六）文化出版亮点纷呈

连续举办"镜头中的国家公园""最美湿地"摄影大赛，"我自豪，我是中国林草人"林草故事、"奋进新征程·建功新时代"林草诗歌征集展示和

"著名作家看湿地"采风等生态文化活动，以丰富的表现形式传播林业碳汇理念，全面阐释森林是碳库的科学内涵与实践意义。出版"中国林草应对气候变化""湿地中国"等科普丛书，从生态文化视角展现林业碳汇助力实现"双碳"目标的力量底蕴。

二、林业碳汇宣传工作面临的新使命新任务

党的二十大报告指出："积极稳妥推进碳达峰碳中和。"与此同时，我国生态文明建设已进入以降碳为重点战略方向的关键时期。林业碳汇作为最经济、可持续的固碳减排措施，必须发挥好"压舱石"作用。当前和今后一个时期，林业碳汇宣传工作的重点任务，就是深入宣传贯彻习近平生态文明思想，着力推动构建林业碳汇全面行动体系，为推进碳达峰碳中和工作、建设美丽中国营造良好社会氛围和坚实社会基础。

（一）宣传好习近平生态文明思想

深入学习和把握习近平生态文明思想的丰富内涵，宣传推广扩大森林面积、提升森林质量、保存现有碳储存等践行习近平生态文明思想的实践案例。用心、用情讲好新征程上最新鲜、最生动的绿色发展故事、林业碳汇故事，引导社会各界更加认同林业碳汇的积极作用，进一步健全林业碳汇全民行动体系，将推动绿色发展、实现"双碳"目标的思维方式和价值理念贯彻落实到生态文明建设的各项工作任务。

（二）宣传阐释好基础理论研究

全面深化林业生态系统碳汇基础理论研究，组织专家学者开展林业碳汇与碳达峰碳中和方面的系统研究和解读，推出一批有深度、有分量的研究成果，更好支撑林业碳汇提升行动等工作。深入探索林业碳汇作用机理，阐释林业碳汇与碳达峰碳中和的影响方式和关键因素。加大林业碳汇科普宣传力度，引导相关行业、企业和社会公众正确认识林业碳汇的基本概念和相关知识。

（三）宣传好林业碳汇工作重大举措

围绕党中央、国务院在有效提升生态系统碳汇增量、助力实现"双碳"目标等方面的重大部署，深入宣传巩固提升林业碳汇能力的工作方针，大力宣传完善顶层设计、开展重大问题研究、夯实测算方法、启动碳汇试点、推

动交流合作、参与全球气候治理等具体举措，集中报道林业应对气候变化、服务国家"双碳"战略大局形成的先进经验，为积极稳妥推进碳达峰碳中和营造良好舆论氛围。

（四）宣传好涌现的先进典型事迹

牢固树立典型意识，扎实做好典型宣传，协调中央媒体和组织局属媒体深入林业基层一线，发掘和报道林业碳汇工作先进集体和先进人物的典型事迹，增强林业碳汇工作的感染力和吸引力。积极宣传开展林业碳汇工作者形成的政治强、本领高、作风硬、敢担当的精神风貌，以先进的事迹鼓舞人，以真挚的情感感动人，为林业碳汇队伍鼓舞干劲，增强全社会集中合力实现"双碳"目标的信心和决心。

三、努力提升林业碳汇宣传工作的能力和水平

林业碳汇宣传工作是一项兼具政治性、业务性的工作，必须旗帜鲜明讲政治，坚定政治立场，扛起政治责任，牢牢把握林业碳汇宣传工作正确政治方向，加大宣传力度，讲好中国故事，切实增强宣传工作效果，让宣传林业碳汇成为阐释习近平生态文明思想、展示人与自然和谐共生的重要平台和载体。

（一）持续推进新闻宣传

积极协调中央媒体和组织局属媒体，策划推出林业碳汇主题宣传、形势宣传、成就宣传、典型宣传，加大对林业碳汇相关政策举措、进展成效的宣传力度。组织策划林业碳汇主题新闻采访活动，集中报道重点项目、重大工程进程。做好林业碳汇外宣工作，有力宣介中国行动和作为。针对林业碳汇工作可能出现的舆情问题，提前做好充分准备和应对预案，及时发布权威信息，全面准确做好解读。

（二）不断改进新媒体宣传

加强与人民日报新媒体中心等中央主流新媒体的合作交流，以融入品牌栏目提升宣传成效，让林业碳汇宣传声音传得更开更广更深入。紧密结合林业碳汇重点工作任务，加强议题设置，在国家林业和草原局官网官微及时发布政务信息，做好重要政策、重点信息的二次开发解读，加大短视频产品开发力度。适应分众化、差异化传播趋势，依托"绿色中国""林草中国"开发

推介类型多样的林业碳汇新媒体宣传产品。

（三）创新开展社会宣传

积极围绕林业碳汇政策举措开展宣传，策划主题鲜明、内容丰富、贴近群众的宣传活动，引导社会公众深化对生态保护修复重大工程、大规模国土绿化行动、推进湿地保护修复等方面的认识。加大林业碳汇科普宣传产品的制作和传播力度。加大对林业碳汇生态文化作品创作的支持力度，鼓励文化艺术界人士积极参与、贡献力量。选树宣传事迹感人、贡献突出的先进典型，发挥榜样示范和价值引领作用。

（四）广泛动员社会参与

积极动员和引导社会力量参与林业碳汇各项工作，共同探索创新绿色发展方式，积极参与绿色发展理念传播，合理推动"以竹代塑"倡议等工作落地落实。加大对涉林社会组织的引导、支持和培育力度，鼓励社会组织以多种形式开展林业碳汇宣传活动，积极参与林业碳汇各项工作。充分发挥涉林行业协会作用，推动构建林业碳汇宣传工作大格局。

（五）切实抓好队伍建设

各级林草部门要强化林业碳汇宣传力量配备，确保党的重大理论、重要政策切实传递到一线群众之中，在林业基层落地生根，有效打通"最后一公里"。加大林业碳汇宣传教育人才的培养力度，全面提升专业素养和专业能力，打造一支政治过硬、作风优良、纪律严明、能接地气的宣教队伍。增强做好林业碳汇宣传工作的责任感使命感，鼓足干劲、奋勇争先，打造与实现"双碳"目标相适应的宣教铁军。

第二节 《中国绿色时报》全方位报道林草碳汇

面对全球气候变暖日益加剧的严峻形势，我国提出将在 2030 年前实现"碳达峰"、2060 年前实现"碳中和"，这是一场深刻的社会经济系统性变革。我国拥有丰富的林草资源，林草碳汇是应对气候变化的重要途径，林草行业为此付出了艰苦努力，取得了重大成果。近年来，《中国绿色时报》在日常报道中突出林草碳汇主题，从报道行业动态、挖掘典型经验、传播技术标准等不同角度，为推进林草碳汇工作营造良好氛围、提供有益借鉴，助推林草碳汇事业高质量发展。

一、及时报道行业动态

行业组织成立、学术会议召开、碳汇协议签署……《中国绿色时报》常年密切关注、报道碳汇行业动态，林草碳汇的日常工作动态在版面均得到及时报道。从 2023 年的重点报道中，读者就可以了解到我国林草碳汇工作最新进展与特色亮点。

2 月，国家林业和草原局生态保护修复司组织召开林业碳汇试点工作座谈会。通过试点创新森林增汇技术，有效提升碳汇测算与报告能力，探索林业碳汇价值实现机制，提升林草碳汇能力，为开辟林业碳汇发展新道路。会议听取各单位试点工作进展和下一步打算，对试点建设提出工作部署，要求试点市（县）继续完善实施方案，试点林场结合森林可持续经营试点工作编制林场森林增汇行动方案。座谈会还部署了下一步召开实施方案研讨会的重点任务安排，生态保护修复司将组织成立试点工作指导专家组，全过程跟踪指导试点工作，对试点单位开展专项指导；继续加强试点管理，优化林草碳汇计量监测方法和标准体系，加强政策储备，探索碳汇产品价值实现机制；根据试点进展情况，适时组织开展交流、合作与培训，分享试点经验。

5 月，中国林业产业联合会林业碳汇分会在北京成立。林业碳汇分会将助推林业碳汇产业规范化、标准化、程序化，为加快构建"政府+协会+企业+专业组织"为一体的碳汇产业化发展新格局注入了新活力，并明确了碳汇开发是重点工作方向。分会将从研究林业碳汇方法学、深耕林业碳汇项目、强化信息交流与宣传、加强国际交流与合作、推动产业融合与发展、引领行业规范化发展等方面，进一步完善工作流程、操作规范、运行机制，走出一条具有自身特色的绿色发展之路。

6 月，由国家林业和草原局、国际竹藤组织和亚太森林组织共同主办的 2023 林草碳汇创新国际论坛在北京举办，共谋推进林草碳汇创新，助力实现"双碳"目标。论坛提出，气候变化是全人类面临的共同挑战，持续增加林草碳汇已成为各国应对气候变化的重要行动，通过完善顶层设计、开展重大问题研究、夯实测算方法、启动碳汇试点、推动交流合作、参与全球气候治理等举措，扎实推进林草应对气候变化行动，服务国家"双碳"战略大局。

7月，内蒙古自治区鄂尔多斯市首单林业碳汇项目减排量远期交易协议在上海签约。协议由鄂尔多斯市国瑞碳资产管理有限公司与中财荃兴实业投资有限公司签署，打包伊金霍洛旗、达拉特旗国有林场和杭锦旗集体林地造林项目，以国际核证减排标准（VCS）进行开发，20年预期碳汇量超13万t CO_2e。

《中国绿色时报》林草碳汇报道信息丰富、准确、全面、及时，全景式展示了林草碳汇工作。6月，四川省达州市宣汉县一起碳汇补偿刑事附带民事公益诉讼案宣判，成为达州市首例林地碳汇价值损失公益诉讼案；7月，中国人寿财产保险股份有限公司济宁市中心支公司为微山湖国家湿地公园景区内611.6hm² 湿地试点办理湖泊湿地碳汇遥感指数保险，提供风险保障38万元，成为济宁市首单湿地碳汇遥感指数保险；8月，重庆巫溪县和城口县森林经营碳汇项目顺利通过审核备案，成为重庆首个获得备案的国储林"碳惠通"项目……

可以说，林草碳汇已成为《中国绿色时报》日常报道的一大亮点。

二、挖掘宣传碳汇典型

林草碳汇典型是《中国绿色时报》报道的一大重心，版面常态化刊发全国各地积极实施林草碳汇项目的典型报道。

中国林业科学研究院发布科研数据显示，辽宁省森林面积达597.67万 hm²，森林蓄积量3.39亿 m³，森林生态系统年碳汇量达1938.5万 t CO_2e/a，占全省陆地生态系统80%左右。森林幼、中龄林面积占55.44%，森林单位面积蓄积量为72m³/hm²，处于生长旺盛阶段，有利于提升森林碳汇能力。全省通过全面推行林长制，开展森林抚育、低产低效林改造和退化林修复，培育二氧化碳吸收能力强的树种，加快提升碳汇能力。预计到2030年，全省森林蓄积量达到4.4亿 m³，森林年碳汇量达到2300万 t CO_2e/a以上。

"十三五"期间，龙江森工集团加快推进生态治理体系、治理能力建设，完成更新造林7.05万 hm²，森林面积达到557.73万 hm²，比"十二五"末提高了0.98%；森林总蓄积量达到6.5亿 m³，提高了29.22%；森林覆被率达到84.68%，提高了0.82%；每公顷蓄积量达到116.5m³，增加了25.7m³。黑龙江森工碳资产投资开发有限公司负责人王炼介绍，按照现有数据测算，仅2019

年，龙江森工林区森林碳储量就增加 932.57 万 t，即吸收二氧化碳 3422.53 万 t，相当于同年黑龙江省二氧化碳总排放量 2.6 亿 t 的 13.2%。

松溪县位于福建省北部，自然条件适宜林木生长，森林资源丰富，形成了以人工杉木林、天然马尾松、常绿和落叶阔叶林、毛竹林以及茶叶、油桐、油茶等经济林为主的林区。作为国家生态文明建设示范县，松溪县坚持绿色发展理念，坚定做生态保护和碳减排的倡导者和实践者，努力打造绿色碳汇的典范。在植绿护绿、创建森林城市的同时，松溪县先行先试、开发碳汇项目，全民参与、共创低碳生活，极大地提升了全民绿色低碳意识。

政府、企业、公众等不同的林草碳汇典型，展现了林草碳汇事业的活力。这些不同典型报道不仅是报纸版面内容的一大重心和亮点，更为各地林草部门开展碳汇工作提供了有益借鉴，展现了行业媒体的担当与使命。

三、传播先进技术标准

各地积极探索的相关林草碳汇技术与标准，是林草碳汇事业稳步发展的基石。一直以来，《中国绿色时报》注重加大林草碳汇技术标准动态与成就经验报道。

2023 年以来，安徽安庆为探索生态产品价值实现机制，启动编制林业碳汇专项规划，开展森林碳汇资源本底调查并编制实施方案，开发 CCER、VCS 林业碳汇项目 2 个；出台《安庆市林业碳票管理办法（试行）》，怀宁、迎江实现碳票交易零突破，监测 352.75hm² 林地减排量 2 万多 t CO_2e，达成交易意向 3631t；全市布设林业碳汇项目建设试点 7 处。

6 月，龙江森工集团起草的黑龙江首个碳中和企业标准《企事业单位碳中和实施指南》通过技术审定。标准整体定义准确、内容科学、参数合理，符合国家关于碳中和相关工作要求，符合龙江森工集团碳汇发展实际，为森工林区碳汇开发、进行碳中和交易提供了遵循。近年来，龙江森工集团积极进行碳汇开发，成立碳汇工作专班，制定碳汇发展规划，不断探索推进对内机制建设、数据本底调查完善。截至 2021 年年底，龙江森工集团森林碳储量总计 7.99 亿 t。

9 月，《兴国县油茶林经营碳汇计量与监测技术指南（试行）》通过专家评审。这是江西省首个油茶林碳汇项目开发操作技术指南，标志着兴国县油茶林碳汇项目开发进入实质性操作阶段，林农有望获得油茶产品和碳汇"双收益"，推动当地实现生态保护和林业绿色发展的双重目标。《指南》结合地方实际，提出了油茶林经营产生的核证减排量核算方法，明确了油茶林碳汇计量的适用条件、计量方法及监测程序等，为高质量完成兴国县林业碳中和试点工作提供了技术支撑，有利于推进油茶林碳汇价值实现，为油茶林碳汇开发奠定重要基础。

正是这些相关技术与标准，为林草碳汇事业高质量发展奠定了基石。随着林草碳汇事业的壮大，相关技术将愈加成熟、标准也将愈加完善。《中国绿色时报》的相关报道为社会公众与专业人士了解、借鉴、交流应用提供了沟通的桥梁。

林草碳汇是我国林草事业发展的一大方向，为我国"双碳"战略实现提供了重要支撑和保障。《中国绿色时报》的林草碳汇主题报道无疑有助于我国林草碳汇事业高质量发展，为此，还可以推出相应专栏、专刊等，达成更好的报道效果。

第三节　中国林业出版社主动服务社会需求

中国林业出版社自 1953 年诞生以来，始终紧随国家林业事业发展的铿锵步伐，出版了近 2 万种优质图书，宣传党和国家林草方针政策，传播科技成果，宣传典型模范，普及林草知识。森林作为陆地生态系统的主体，在减缓和适应气候变化方面具有无可替代的地位，不仅深刻影响着全球的碳循环，更直接关系到人类的生存和发展。中国林业出版社紧跟时代的脉搏，洞悉林草的使命，及时策划和组织出版相关图书及融媒体产品，充分反映了林业行业应对气候变化的贡献，展示了在实现"双碳"目标的进程中务林人砥砺奋进、勇毅前行的足迹。

一、聚焦生态建设主题，出版服务对接国家战略需求

出版作为知识传播和信息累积的桥梁，在林业"双碳"进程中起到举

足轻重的作用。出版物能将专家的研究思成果、实践者的经验教训以文字的形式凝结成智慧结晶，为林业"双碳"领域的研究和实践提供坚实的理论支撑和行动指南，还能激发公众更多的关注和参与，共同推动林业碳汇事业的发展。此外，出版物还能促进林业"双碳"领域的知识传播和交流，将最新的研究成果和实践经验分享给广大读者，推动林业"双碳"知识的普及和深化。更值得一提的是，通过与国际出版机构的合作，出版物还能将中国的林业"双碳"经验和做法传播到世界各地，为全球林业碳汇事业的发展贡献中国智慧。

近年来，中国林业出版社致力于服务生态文明建设，紧密结合国家战略需求，圆满完成了多项国家出版基金项目、国家主题出版项目以及国家重点图书出版规划项目的出版任务，持续为生态文明传播贡献智慧力量，如：《党政领导干部生态文明建设读本》《中国的绿色增长——党的十六大以来中国林业的发展》"中国森林生态网络体系工程建设"系列著作、"林业应对气候变化与低碳经济"系列丛书、"中国湿地资源"系列丛书、"碳汇中国"系列丛书、《绿水青山——建设美丽中国纪实》《中国林业国家级自然保护区》等。值得一提的是，"林业应对气候变化与低碳经济"系列图书、"中国湿地资源"系列丛书、《中国林业国家级自然保护区》和《中国果树地方品种图志》丛书分别荣获 2015 年度、2017 年度、2018 年度、2019 年度国家出版基金优秀项目称号。这些卓越的出版物不仅为我国的生态文明建设提供了理论、技术、文化和舆论支持，更为国家战略的实施提供了坚实的支撑。

二、紧跟"双碳"时代，出版服务对接行业领域需求

图书出版作为传承文化、传播知识的重要载体，在促进绿色发展、助力生态文明建设中发挥着举足轻重的作用。中国林业出版社积极策划出版了一系列关于"双碳"的专著、科普读物和教材，将绿色发展的理念、方法和实践经验广泛传播给公众，提供了丰富的"双碳"知识，展示了成功的"双碳"实践，有效激发了人们对"双碳"的认识和兴趣。

以"碳汇中国"系列丛书为例，该系列丛书由中国林业出版社策划和出版，中国绿色碳汇基金会主编，是全面反映我国林业积极应对气候变化，主动进行理论探索与实践创新的一套丛书，入选国家出版基金项目。该套系列

丛书共 12 卷，包括《林业碳汇项目方法学》《中国林业碳汇产权研究》《中国林业碳管理探索与实践》《绿色碳汇传播理论研究》《林业碳汇知识读本》《森林生态系统碳汇计量方法与应用》《中国林业碳汇》《中国林业温室气体自愿减排项目案例》《林业碳汇计量》《林业碳汇论文精选》《中国中小城市低碳研究》《竹林碳汇项目开发与实践》。这套书从全球气候变化、林业碳汇的基本内容入手，解读应对气候变化的国际制度和行动，全面地阐述气候变化国际谈判、碳汇／碳源、碳汇林业、碳汇营造林方法学、碳汇交易等诸多方面的理论知识及技术标准，以及林业应对气候变化的典型案例。这套丛书引起了读者对气候变化问题的热情关注，引导各方面力量积极投身于林业应对气候变化的伟大实践，为守护我们共同的地球家园作出贡献。

2022 年，中国林业出版社策划的"碳达峰碳中和生态探索"系列丛书入选国家出版基金项目。这套丛书紧密结合党中央、国务院关于碳达峰碳中和战略的部署，全面助力科技强国建设和经济社会高质量发展。它不仅具有战略性、前瞻性、权威性，还兼具系统性、学术性和实践性，为相关行业领域开展"双碳"知识学习、政策制定和实践探索提供了宝贵的参考和借鉴。这套丛书由国内一流专家和实践工作者共同撰写，紧密围绕生态文明建设，系统梳理了林草行业在应对气候变化、建设美丽中国进程中的理论探索、科技创新和实践探索。其中，理论篇包括《全球自愿碳市场与生物多样性信用》《双碳目标下绿色新职业技能鉴定标准研究》《国内外生态碳汇项目方法学》，实践篇包括《国内外生态碳汇项目开发和案例》《森林碳汇天空地一体化监测技术》《双碳目标下林业产业高质量发展》。这套丛书预计于 2024 年年底正式出版，届时必将为"双碳"目标的实现和生态文明建设的深入推进提供有力的理论支持和实践指导。

三、主动迎接挑战，出版服务对接时代发展需求

在林业"双碳"领域，出版事业扮演着至关重要的角色，它既是知识传播和普及的桥梁，也是学术研究和实践探索的重要平台。然而，当前林业"双碳"领域的出版事业仍然面临着多重挑战，需要认真思考和解决。

首先，当前林业"双碳"领域的研究和实践仍处于摸索和成长阶段。由于该领域的复杂性和交叉性，相关理论和技术体系尚未完善，这给出版物的

编撰和推广带来了很大的难度。因此，需要进一步加强该领域的基础研究，完善理论和技术体系，提高出版物的科学性和可靠性。

其次，读者群体与作者群体之间的知识壁垒也是当前林业"双碳"领域出版事业需要面对的问题。由于该领域的专业性和复杂性，普通读者往往难以理解和掌握相关知识，而专业作者又难以将复杂的知识用通俗易懂的方式表达出来。因此，我们需要加强读者和作者之间的沟通和交流，促进知识传递和共享，打破知识普及壁垒，提高出版物的可读性和实用性。

最后，随着数字化和网络化的快速发展，传统出版业正面临着前所未有的冲击和变革。林业"双碳"领域的出版事业也不例外，需要积极适应数字化和网络化的发展趋势，探索新的出版模式和传播方式，提高出版物的传播效率和影响力。例如，可以通过建设在线出版平台、推出数字化产品等方式，拓宽出版物的传播渠道，满足读者的多元化需求。

面对林业"双碳"领域出版事业的多重挑战，必须加强调查研究、丰富理论技术储备、打破知识传播壁垒、适应出版业数字化和网络化发展趋势，以推动出版事业的持续发展和进步。同时，也要与政府部门、学术界、企业等方面共同合作，共同发展林业"双碳"领域的出版事业，为国家早日实现碳达峰碳中和提供更优质更高效的服务。

第十八章

动员社会参与：林业在"双碳"进程中的有生力量

碳达峰碳中和是一场深刻的社会经济系统性变革，既离不开全社会的积极有效参与，又将对每个社会角色产生重大而深远的影响。国务院印发的《2030 年前碳达峰行动方案》明确实施绿色低碳全民行动，并把引导企业履行社会责任作为行动的重要内容。要求引导企业主动适应绿色低碳发展要求，强化环境责任意识，加强能源资源节约，提升绿色创新水平。对重点领域国有企业特别是中央企业、重点用能单位、相关上市公司和发债企业的相关工作提出了明确要求。同时要求行业协会等社会团体充分发挥作用，督促企业自觉履行社会责任。本章分享了中国绿化基金会、中国石油天然气集团有限公司、内蒙古老牛慈善基金会、蚂蚁集团、中国绿色碳汇基金会履行社会责任、动员社会参与的做法和经验。

第一节　中国绿化基金会携手社会力量参与双碳目标实践

中国绿化基金会经国务院批准于 1985 年 9 月成立，由国家林业和草原局作为正司局级事业单位管理的全国性公募基金会。业务范围涵盖生态治理、自然保护、低碳发展、生态富民、生态文明传播、人与自然和谐共处等多个领域，是我国生态建设与环境保护领域最专业、覆盖度最广、公益资金规模较大的全国性公募基金会。享有联合国经社理事会特别咨商地位，是中国联合国协会会员单位。

多年来，中国绿化基金会坚守初心、团结奋进，紧抓林业、草原、国家公园融合发展的机遇，科学开展国土绿化行动，募集社会资金、动员和组织社会力量参与生态建设，实施国家公园等自然保护地及野生动植物保护、生态保护和修复重点项目，推进山水林田湖草沙一体化保护和修复，通过人为正向干预，筑牢生态安全屏障，助力提高生态系统质量和稳定性，提升生态系统碳汇增量。下面呈现给读者的植树造林、野生动物保护、生态修复、湿地保护等经典案例，是中国绿化基金会传播生态文明思想，践行两山理念，促进"双碳"目标实现的实践成果。

一、植树造林系列品牌

植树造林是增加碳汇的有效途径。通过植树造林，可以维持和提高森林面积和绿地覆盖率，促进植物吸收和固定更多的二氧化碳，从而减少二氧化碳在大气中的含量，达到减缓气候变化的效果。中国绿化基金会始终聚焦主业主责，服务林草中心工作，紧抓林业草原国家公园融合发展机遇，实施"品牌兴会"战略，不断强化培育互联网+全民义务植树、绿色公民行动、百万森林沙漠锁边林计划、幸福家园乡村振兴等自主品牌造林项目，加强与中石油、中石化、中国邮政、一汽大众、蚂蚁集团等一批重点央企民企的造林项目合作。截至 2023 年 12 月底，已累计造林抚育 3 亿株，完成荒漠化治理面积超 20 万 hm²，为助力我国实现碳中和目标贡献了一份力量。

二、与虎豹同行野生物种保护

野生动物在控制陆地、淡水和海洋生态系统的碳循环方面发挥着重要作用，通过保护和恢复野生动物栖息地，可以加强自然碳捕获机制，减缓气候变化。东北虎和东北豹是我国具有世界意义的两种珍稀动物，是生物多样性保护的旗舰物种，它们的存在是温带森林生态系统健康的标准。2018 年，中国绿化基金会发起了"与虎豹同行"野生物种保护项目，募集资金用于打造环境友好型乡村社区，推动当地社区村民生计可持续发展，促进野生东北虎豹种群安全健康发展，营造人与自然和谐共生的幸福家园。

该项目在吉林省延边州珲春市镇安岭村实施，从三个方面协同推进。一是实施生态补偿，缓解人与野生动物的矛盾。通过预估产量购买被野生动物践踏的粮食作物，补贴村民因保护虎豹造成的损失，帮助村民转变生产生活方式，依靠发展蜜蜂养殖业等获得可持续收入。二是开展专业培训，提高村民生态服务技能。组织当地人成立一支巡护队，负责巡山清套，推动实现"零盗猎"，为野生动物提供安全的栖息地。巡护队还协助科研团队采集动物粪便用于东北虎豹食性及遗传性分析。三是支持社区发展，开发生态旅游和自然教育营地项目。为村民找到了新的生计，促进了当地经济社会的稳定发展，改善村民居住条件，增强村民获得感和责任感。

该项目实施以来，通过因地制宜设计资助内容，切实转变村民观念，为东北虎豹等野生动物提供了安全的栖息条件，增加了食草动物种群数量，提高了食物链质量，促进了生态系统修复和生物多样性保护，探索了人虎和谐相处的社区建设路径。同时，不断创新公众参与模式，借助媒体采访、新媒体传播、线上活动、平台合作、项目地探访等途径，吸引受众群体超 20 万人次，用户捐赠超 13 万人次，项目的社会影响力不断提高。

三、云龙天池多重效益森林的生态修复

植被恢复工程是通过人为恢复土地上原有的植被，提高土地生态功能的一种工程技术。2017 年，中国绿化基金会携手广汽丰田汽车有限公司、山水自然保护中心、云南云龙天池国家级自然保护区管理局共同发起了"云龙天池多重效应森林的生态修复"项目，募集资金支持位于五宝山国有林场辖区的云龙县功果桥镇海沧村约 280hm² 火烧迹地的生态修复。通过植被恢复，实现了火烧迹地的功能恢复和生态系统的重建，并通过长期的监测和评估，了解植被恢复的效果和对碳汇的贡献，为工程改进和后续扩展提供了依据。

该项目主要从三个方面协同推进。一是科学有效开展多重效益森林恢复。2017—2021 年，对 66.67hm² 火烧迹地分批进行了修复，混交种植 17.33 万株本地树种，恢复了火烧迹地的生态功能。组织当地村民巡护和修枝抚育，促进云南松林更新。二是建立长期科研监测体系。从 2018 年起，持续进行火烧迹地气象、鸟兽、昆虫、土壤、水质等指标的综合监测，阐明了火干扰后不同干预方式下生态系统恢复情况，评估了恢复成效，为指导火烧迹地植被恢复提供了实践依据。三是举办自然观察节和科学志愿者活动。参与者共拍摄到动植物 822 种，为自然保护区物种新增纪录作出了贡献，编制了自然保护区动植物手册和社区导赏手册，公众深入参与也使项目的价值和理念得到更广泛传播。

该项目的实施实现了生态价值和经济价值双赢的局面，为我国森林经营提供了示范。一方面，项目在进行森林生态修复的同时，帮助修复滇金丝猴的栖息地，增强了森林生态系统的碳汇功能，发挥了保护生物多样性、涵养水源、改善生态环境和自然景观等多重效益。另一方面，项目通过培训合作社成员的产品开发能力，协助合作社销售生态产品。护林员向导、社区自然体验示范户的选拔，使当地村民在可持续利用周边森林资源方面有了新的理

念和认识。项目在增加村民收入的同时，调动村民的保护积极性。

四、宝马美丽家园行动

湿地充满了灵动的生命，是地球上生态服务功能价值最大的生态系统之一，也是地球上最重要的碳库之一。2021 年，中国绿化基金会携手宝马集团、中国教育发展基金会联合发起"宝马美丽家园行动"湿地保护项目，募集资金在湿地类型自然保护区实施生物多样性保护、管护能力提升、公众教育、社区宣传等一揽子资助计划，着力保护和恢复湿地强大的生态系统服务功能，提升社会公众的参与度，强化公众的湿地保护意识。

项目一期（2022 年）在辽宁辽河口国家级自然保护区实施。一是提升保护区治理能力。2022 年 8 月，向保护区捐赠 3 辆新宝马 iX3 巡护工作车（使用权）和 2 辆野生动物救援车，助力提升保护区巡救护能力。2022 年 11 月，向保护区捐建的生态观鸟屋正式启用。从"尊重自然、尊重环境、尊重动物"的理念出发，将观鸟屋设计建设成一座集自然观察、科普教育于一体的多功能生态建筑。二是提升公众生物多样性保护意识。编制了《可持续发展与生物多样性——以湿地为例》《飞过城市的鸟》《我们身边的神秘邻居》等自然教育图书，向中国科技馆、盘锦市湿地学校、宝马汽车经销商、亲子家庭赠送 9600 册，并举办多场线下科普知识互动和培训。以生物多样性、生态保护、生态守护人探访等为题材，在保护区内举办了 2 场自然教育科普宣传直播活动，线上阅读量达 709.5 万（人次）。三是支持保护区宣传推广。2022 年 10 月，以保护区珍稀物种黑嘴鸥、丹顶鹤、斑海豹为原型，设计研发了保护区系列文创产品，向社会公众传播湿地保护理念和生物多样性保护意识，提高大众审美和国民文化素质，增强文化自信。2022 年 11 月，拍摄完成了《中国湿地之红滩绿苇》《绚丽盘锦·万物生灵》《绚丽盘锦·璀璨明珠》等宣传视频节目，并在央视纪录频道、央视频、央视网等平台热播，点击量及播放量达几百万次，微博客户端推送的《中国湿地》相关话题，阅读量达上千万次。2023 年 4 月—5 月期间，在盘锦市举办了 6 期中小学生"湿地讲堂"，来自辽宁省内的 1100 余名中小学生参加，了解了丰富的湿地知识，激发了爱护环境、爱护家乡的使命感。

该项目二期（2023 年）已经启动，除继续在辽河口国家级自然保护区实施公益资助外，还将支持山东黄河三角洲国家级自然保护区的湿地保护工作。

第二节　中国石油发挥林业碳汇作用 助力碳中和目标

一、背景情况

党的二十大报告指出，要推进美丽中国建设，坚持山水林田湖草沙一体化保护和系统治理。近年来，国家发布多项政策文件，持续推动部署国土绿化高质量发展。2021 年 9 月 22 日，中共中央、国务院《关于完整准确全面贯彻新发展理念做好碳达峰碳中和工作的意见》提出，要提升生态系统碳汇增量，深入推进大规模国土绿化行动，巩固退耕还林还草成果，实施森林质量精准提升工程，持续增加森林面积和蓄积量。2023 年 4 月 4 日，习近平总书记在参加首都义务植树时强调，当前和今后一个时期，绿色发展是我国发展的重大战略。开展全民义务植树是推进国土绿化、建设美丽中国的生动实践。要创新组织方式、丰富尽责形式，为广大公众参与义务植树提供更多便利，实现"全年尽责、多样尽责、方便尽责"。

中国石油天然气集团有限公司（以下简称中国石油）作为集国内外油气勘探开发和新能源、炼化销售和新材料、支持和服务、资本和金融等业务于一体的综合性国际能源公司，生产作业现场点多面广，涉及各种生态类型。多年来，中国石油认真贯彻落实习近平生态文明思想，努力履行石油绿化助力保障生态安全、建立生态经济体系、建设生态文化 3 项职责，坚持绿化与林业碳汇、生物多样性保护、生物质能源相结合，大力实施生产厂区场站建设绿色生态工程、办公庭院建设绿色人文工程、生活小区建设绿色宜居工程、生产预留地建设绿色创效工程 4 项工程，助力中国石油绿色低碳转型发展。按照《国务院办公厅关于科学绿化的指导意见》要求，积极参与美丽中国建设和国土绿化事业，持续开展植树造林；积极推动碳汇林、碳中和林建设，探索开展生物多样性保护；加强队伍建设，完善信息统计系统，夯实基础工作；开展"绿色油气田""绿色工厂"创建活动，发挥绿化专业优势，提高生产一线生态保护水平；创新开展绿化增收创效经营活动，增强绿化可持续发展能力；加强宣传教育和知识普及，树立企业良好形象，提升职工生态文明意识。

截至 2022 年年底，现有绿地总面积 3.14 亿 m^2，全年共有 149.25 万人次以各种形式参加义务植树，折合完成义务植树 422.5 万株。支持地方绿化建设，绿化面积 566.67hm^2，植树 40.6 万株。

二、主要做法

（一）久久为功，持续开展植树造林，全面布局碳汇林碳中和林工程

坚持"领导带头、员工广泛参与、尽责形式多样"的原则，广泛开展义务植树。每年组织总部春季义务植树活动，中国石油领导率先垂范，和职工代表一起到京郊昌平石油科技园义务植树；所属各企事业单位精心谋划部署，专门召开会议安排部署义务植树工作，组织开展多种形式的义务植树活动，积极参加所在地国土绿化活动。近年来，中国石油每年有约 50 万人次实地参加义务植树活动，植树 200 万余株；"十三五"期间，共有 281.17 万人次参加，累计种植乔灌木 1244.24 万株。

积极响应，全面启动"万口井场植树造林行动"，彰显央企责任担当。作为国内首批响应、首家落实"全球植万亿棵树领军者行动"的央企，以"万口井场植树造林行动"为载体，通过义务植树等形式，计划 5~10 年的时间，力争实现在万口井场开展植树造林，协同推进生态保护、水土保持、边坡治理和绿化美化工作，形成"万口井场、万众参与"的良好社会示范效应。2023 年 4 月 12 日，中国石油"万口井场植树造林行动"启动仪式在河北雄安新区华北油田井场成功举办，现场种植西府海棠、紫叶晚樱、金枝槐 180余株。

多措并举，全面推进碳汇林、碳中和林建设。根据《中国石油天然气集团有限公司"十四五"绿化发展规划》，中国石油"十四五"碳汇林、碳中和林建设全面加速，采取义务植树和公民绿色公益活动相结合、开发现有林地和新建林地相结合、宜林空地规模化造林和油气生产一线零星宜林地造林相结合以及企地共建合作造林等模式，全面布局碳汇林、碳中和林建设。起草发布了《中国石油活动碳中和指导手册》《中国石油碳汇林建设指导手册》

《中国石油矿区园林绿化植物高碳汇树种推荐名录》，指导各单位开展碳汇林、碳中和林建设。目前，大庆油田马鞍山碳中和林、新疆油田准噶尔碳中和林、长庆油田姬源碳汇林已经建成。中国石油已经建成碳汇林、碳中和林790hm²。

（二）创新开展"我为碳中和种棵树"公益活动

为更好地发挥央企在实现"双碳"目标愿景中的示范引领作用，中国石油发起了"我为碳中和种棵树"公益活动，在全民义务植树网面向中国石油员工和社会公众公开募集资金，用于规模化建设碳汇林、碳中和林。活动计划募集期5年，计划募集资金1亿元。为增强活动的员工参与度及职工义务植树尽责意识，营造参与活动的良好氛围，中国石油采取多种方式宣传推广。由中国石油集团公司团委向广大青年团员发出踊跃参与活动倡议；在门户网站、党建平台发布答题活动、开辟项目专栏；印发海报、宣传折页；所属企业也积极响应，大力推广，在公司网站开辟"我为碳中和种棵树"活动专栏、浮窗，发布倡议书、微信公众号文章，组织开展大规模义务植树活动等，绿色低碳理念深入人心。活动上线后，社会公众踊跃参与。截至2023年10月底，共募集资金3346万余元，超109万人次参与，已经成为企业参与"互联网+全民义务植树"的标杆和典范。首批林地建设项目已于2022年年底开始，陆续在大庆油田、新疆油田、长庆油田、玉门油田等4个具有代表性的油气生产基地开始实施，计划种植树木28万株，造林面积236.67hm²。

（三）探索建设自主贡献型生物多样性保护地

发布《中国石油自主贡献型生物多样性保护地建设指导意见》，将建设自主贡献型生物多样性保护地作为提升中国石油生物多样性保护水平的一项重要工作，要求各单位明确生物多样性保护主管部门，建立健全生物多样性保护管理规章制度体系，设立专项资金，积极开展生物多样性保护专项研究。与高等专业院校合作，在部分企业现场持续开展动植物本底调查、关键威胁分析，制定保护计划和制度。2023年8月15日，中国石油首批3个自主贡献型生物多样性保护地揭牌。研究编制《中国石油自主贡献型生物多样性保护地监测方案》，为持续开展自主贡献型生物多样性保护地生态监测，摸清现状、掌握其变化状况，评价其生态保护与修复项目的生物多样性水平、生态修复效果，不断改善生态环境奠定基础。根据《中国石油天然气集团有限公司"十四五"绿化发展规划》，到2025年，中国石油将进一步设立10个自主贡献型生物多样性保护地，不断提升改善其生态系统结构和功能的稳定性、持续性，为生态文明建设贡献石油智慧与力量。

三、主要成效

（一）员工生态意识持续增强

多年来，中国石油积极参与国土绿化、实施生态修复治理和生物多样性保护，助力美丽中国建设，生动展现了石油人的绿色情怀。创新开展的"我为碳中和种棵树"公益活动，主题契合时代精神，目标紧扣时代脉搏，活动一经推出，获得广泛认可，充分满足了中国石油员工和全社会对绿水青山、美丽中国的向往，让人人参与生态文明建设、为国家"双碳"战略尽一份力成为可能。中国石油员工投身生态文明建设的积极性主动性持续高涨。

（二）员工生产生活环境显著改善

中国石油在开展绿化工作的过程中，因地制宜，充分结合义务植树、生态修复治理等，显著改善员工生产生活环境。强化生产一线现有林地的保护管理，组织员工在生产一线的各类站场、井场、油气生产道路等区域的宜林空地植树造林，持续推动绿色企业建设，提升生产一线生态建设水平，"将自然带回井场，让井场回归自然""井在景中，景中有井"；打造塔里木沙漠公路生态防护林、新疆油田生态防护林两张靓丽名片，创造大庆油田"高处种树、低处蓄水、过渡带自然繁殖芦苇"的成功生态治理修复经验；"我为碳中和种棵树"公益活动将最终形成约 1000hm² 碳中和林，完成后可贡献林业碳汇约 20 万 t（20 年），以及生物多样性保护、水土保持、边坡治理等综合生态效益。

（三）企业形象不断提升

通过开展"我为碳中和种棵树"公益活动，极大提升了企业员工、社会公众的生态环境保护理念和义务植树尽责率，得到了国家相关部委、国内外主流媒体、社会各界及同行的广泛关注和高度赞扬，助力中国石油企业形象提升。全国绿化委员会办公室《绿化简报》刊发活动情况，中国绿化基金会主席陈述贤就活动作出专门批示；活动相关新闻报道近 2 万篇，其中新华网、中国网、澎湃新闻、新浪财经、腾讯网等媒体发布相关文章 3000 余篇；在《公约》第二十七次缔约方大会（COP27）"基于自然的解决方案推动气候和生物多样性协同治理"边会上，该公益活动亮相国际舞台，引起与会嘉宾浓厚兴趣；活动创新管理模式被同类型项目多次复制学习，成为行业标杆典范，带动了一大批同类项目上线；实施建设公益林，带动设计、栽植、养护、工程等相关就业率提升，提供了约4万余个工作岗位。

四、启示

当前，我国生态文明建设进入了实现生态环境改善由量变到质变的关键时期。新形势下，中国石油部署绿色低碳发展战略、实现碳中和发展目标、积极参与全国碳市场交易、实现绿色低碳转型需要绿化工作的积极发展提供支撑。油气企业通过涉足碳汇项目，可以在从碳汇交易中获得收益的同时，推动化石燃料行业未来可持续发展；通过增加林业碳汇，石油行业能够在一定程度上减少全球碳足迹。碳中和背景下，林业碳汇或可成为石油公司可持续发展新路径。下一步，中国石油将继续深入贯彻习近平生态文明思想，锚定碳达峰碳中和目标，紧密围绕中国石油绿色低碳生态发展战略，认真落实《中国石油天然气集团有限公司"十四五"绿化发展规划》要求，以"我为碳中和种棵树"公益活动为抓手，持续做好宣传引领，创新组织好新形势下的义务植树活动，大规模开展碳汇林碳中和林建设工作，为建设美丽中国石油和基业长青的世界一流综合性国际能源公司增强绿色底色。充分发挥央企示范效应，带动更多力量投身国土绿化建设，为推动全球环境和气候治理、建设人与自然和谐共生的现代化作出更大贡献。

第三节　内蒙古老牛慈善基金会进行生态修复探索示范

一、案例背景

地球是人类的唯一家园，如果地球环境恶化了，人类的一切幸福都会化为乌有。内蒙古老牛慈善基金会（以下简称老牛基金会）对此感受尤深，因为其所在的内蒙古呼和浩特市位于干旱、半干旱的生态脆弱区。对他们而言，"绿水青山就是金山银山"不仅是一种理念，更是对生活的切身体验。

就全球而言，旱区面积约占陆地面积的41%，支撑着全球约38%的人口，拥有全球约1/3的生物多样性热点区域，为28%的濒危物种提供了栖息地。该区域的生态系统类型主要包括稀树草原、灌丛、草地和荒漠等。由于缺水而受到较强的水分胁迫，干旱生态系统非常脆弱，对极端气候事件和人类活动干扰极为敏感，是当地经济发展和生计可持续所面临的严重挑战。由老牛基金会发起的老牛生态修复与保护项目致力于为干旱生态系统提供可行的解决方案。

二、主要做法

2010年，老牛基金会联合大自然保护协会（以下简称TNC）、中国绿色碳汇基金会、内蒙古自治区林业和草原局，在我国具有重要生态屏障功能的和林格尔县干旱、半干旱区域发起了"内蒙古盛乐国际生态示范区"项目，投入数亿元，从气候适应、植被恢复、水资源管理、绿色产业四个方面进行生态修复的探索和示范开始，逐步过渡到以社区为主体的多方参与，最终形成一套综合生态修复模式：系统修复工程（restoration by design，RbD）。项目区修复退化土地2660hm^2，种植樟子松、云杉等乔木330余万株，存活率达80%以上；植被种类从不足30种增加至80余种，年均固定土壤2.5万t，水土流失得到有效控制，土壤潜在蓄水总量从400万t增加到530万t，未来30年，预计能吸收固定22万t CO_2，其中16万t已获得迪士尼公司认购。

依托生态修复成果，在社区成立合作社，通过林下经济、气候智慧型农业、草地智慧管理等让项目区13个行政村万余人从中受益，其中入社农户户均增收10492元/年。在赤峰市巴林左旗人民政府的支持下，相关经验运用到了由三峡集团、老牛基金会和TNC共同发起的"巴林左旗深度贫困村综合提升工程项目"，带动推广旱作农业8333.33hm^2，增收3000元/hm^2。探索并实践绿色农牧业发展模式，恢复和提升土壤健康与生态安全，增强农业减缓和适应气候变化的能力，同时提高社区收益，实现精准扶贫与乡村振兴，为中国农业生产应对气候变化提供了成功经验。

草地智慧管理的相关经验在内蒙古锡林郭勒盟、呼伦贝尔市等地复制推广 3.33 万 hm^2，通过卫星遥感、气象数据、手机 APP、监测数据等技术手段为牧户制定指导性的养殖方案，实现草地资源利用最大化，实现牧户增收和草地资源健康可持续利用。截至目前，项目试验结果已得到较大面积推广应用。同时，项目成果为当前"生态红线划定""国家公园"等生态建设和管理工作提供实证性资料，有助于相关政策的制定和实施。"暖牧冷饲、农牧结合、草畜平衡"生产模式经过验证，有望引领中国北方草原地区草地畜牧业生产方式的深刻变革。

在河北省张家口市复制推广 2000hm^2 "乔灌草"相结合的冬奥碳汇林，在奥林匹克森林公园和奥运赛道周边形成多树种、多层次的森林景观，为保护京津冀地区重要水源地贡献力量。项目种植乔木约 230 万株，让 3 个县 4 个乡 18 个自然村 54670 人受益。在 30 年的项目计入期内，可以吸收固定约 38 万 t CO_2。项目被慈善公益报盘点为冬奥遗产。老牛基金会与蒙古国生命科学大学，商讨合作意向，共同为相关区域制定适合当地的"生态与经济和谐发展"方案。

三、主要成效

（一）生态环境价值

本项目在各项目地修复了生态环境，完善了生态系统服务功能，为减缓气候变化影响作出贡献。以和林格尔县内蒙古盛乐国际生态示范区为例，据估算，项目开展至今，通过修复所恢复项目地生态服务功能及生态价值所产生的潜在经济效益每年可达 1500 万元以上。保护及恢复草地 3.33 万 hm^2，恢复退化林地 4666.67hm^2，种植乔木 560 万株，未来可吸收固定 60 万 t CO_2。

（二）社会经济价值

项目开展初期便采用多重效应设计，希望在考虑碳汇的同时兼顾当地社区发展以及本地物种多样性的协同发展需求。项目累计创造了 187 万多个工日的临时就业机会，以及 18 个长期工作岗位，使 8 个乡镇、31 个行政村的农户受益，受益人口达到 64670 人。管护期开展林下经济、气候智慧型农业、草地智慧管理等，已让入社农户户均增收 10492 元/年。旱作农业推广 6666.67hm^2，增收 2000 万元。16 万 t CO_2e 的碳汇量已经获得迪士尼公司的认购，交易资金继续用于后期管护。

（三）模式创新价值

该项目既是一个造林项目，也是一个社区工作项目，是在关注气候变化影响的条件下，通过科学规划，合理修复以及可持续管理对项目区土地进行系统修复，并通过科学监测来评估及调整的生态保护修复行动。以此为基础，探索出适用于干旱生态系统"生态与经济和谐发展"的多种可行方案。

项目被民政部评为第八届中华慈善奖"最具影响力项目"，入选联合国开发计划署（UNDP）"解决方案数据库"优秀案例，入选"生物多样性 100+ 全球典型案例"。

第四节　蚂蚁森林积极动员社会力量
投身应对气候变化实践

一、案例背景

自党的十八大以来，我国的生态文明建设掀起了前所未有的热潮，引起了全社会的广泛的关注和参与。习近平主席在第七十五届联合国大会一般性辩论时表示，中国将提高国家自主贡献力度，采取更加有力的政策和措施，二氧化碳的碳排放力争于 2030 年前达到峰值，努力争取到 2060 年前实现"碳中和"。对社会公众参与应对气候变化提出了更高要求。自《巴黎协定》签署以来，世界范围内不乏低碳环保领域以及技术创新的优秀案例。虽然公众的绿色消费和减少污染的意识逐渐增强，但缺乏足够的行动和合适的平台。

自 2016 年起，蚂蚁森林探索利用数字技术带动更多人践行绿色生活方式，助力经济社会发展的绿色转型。他们从日常的减纸减塑、绿色出行切入，通过倡导公众践行绿色低碳的生活方式并带动公众广泛参与生态修复与生物多样性保护，为广大公众提供了一个既有趣又富有意义的参与途径，对动员更多社会力量参与生态保护修复起到了示范作用。

二、主要做法

蚂蚁森林的模式是用远方看得见的绿色激励身边看不见的绿色。"身边看不见的绿色"是用户的绿色低碳生活行为，如乘坐公交车、购物不用塑料袋、外卖不用一次性餐具等。用户因为践行低碳生活方式获得蚂蚁森林绿色能量，用这些绿色能量在手机上虚拟种树。用户每种上一棵虚拟树，蚂蚁森林就以用户的名义在亟须生态修复的地方种下一棵真树或者支持一块保护地，日积月累就形成了"远方看得见的绿色"。

蚂蚁森林投入了大量的资源引导公众参与，通过保护地巡护、神奇物种、支付宝生活号等各种形式开展生态文明宣教活动。

一是通过科技手段让更多社会公众成为"线上巡护员"。为了让公众深度了解基层开展的生物多样性保护工作，蚂蚁森林开发了"保护地线上巡护"互动功能，让用户用自己日常行走步数参与全国各地社区保护地巡护，并且触发诸如拆除猎套、动物救助等线下巡护工作的真实场景，通过真实模拟和沉浸式的科普互动让公众体验式地参与生物多样性保护。截至2022年年底，"保护地线上巡护"活动累计吸引超2.3亿人体验线上巡护，并了解生物多样性保护知识。

二是打造多方参与的神奇物种自然科普项目。2021年，在COP15执委办的指导下，蚂蚁集团与中华环境保护基金会、中国国家地理联合发起神奇物种项目，通过每天在支付宝端更新一条中国野生动物图文信息，发动热心公益的青少年录制物种保护科普音频，鼓励更多的人利用空余时间每天了解物种知识。目前，项目累计上线26个国内生态系统，超过500个中国野生物种，圈粉热爱自然的受众超1.4亿。

三是搭建线上科普宣教的内容阵地。为让更多线上用户低门槛的了解生态文明科普知识，蚂蚁森林在支付宝端创建生活号，搭建内容阵地，创作真实、专业、趣味性的科普内容，以短视频、图文、直播等多种形式在生活号以及内容阵地持续更新，截至目前，累计更新上千条、生活号粉丝过亿、获得6732万人次点赞。

7年来，蚂蚁森林不断尝试用各种老百姓喜闻乐见、有趣易行的方式来激励大家一起践行绿色生活方式。目前，接入蚂蚁森林的绿色低碳生活场景已接近60种，涵盖绿色出行、减纸减塑、高效节能和网上办事、循环利用等方面。经过严格的方法学认定，用户将个人的低碳行为授权蚂蚁森林换算成相应的绿色能量。当用户的绿色能量持续积累到一定水平后，就可以在线申请支持国土绿化、生物多样性保护、海洋生态系统修复和海滩垃圾捡拾等绿色环保公益项目，继而由蚂蚁集团等爱心企业捐赠公益资金给专业的环保公益组织实施上述公益项目。

同时，通过"绿色能量行动"开放合作形式，以小小的"能量球"连接起品牌企业、社会公众、政府部门、专业机构、行业组织，蚂蚁森林与合作伙伴共同搭建涵盖绿色出行、绿色住宿、绿色购物、绿色回收、绿色政务、生态保护修复等丰富的绿色消费和生活场景，形成绿色开放合作共同体。

三、工作成效

"手机上种一棵，地里就种一棵"的公益承诺，蚂蚁集团已经坚持了多年。从 2016 年 8 月启动至今，蚂蚁集团通过"蚂蚁森林"累计协议捐赠 34.65 亿元，直接参与了全国 15 个省（自治区、直辖市）的生态修复与生物多样性保护工作，探索了生态产品价值实现的可行路径。

（一）生态修复成效显著

蚂蚁森林携手中国绿化基金会、中国乡村发展基金会、中华环境保护基金会、中国绿色碳汇基金会、中国青少年发展基金会、北京市企业家环保基金会、云南省绿色环境发展基金会、亿利公益基金会和阿拉善生态基金会 9 家公益合作伙伴，在内蒙古、甘肃、青海、宁夏、陕西、山西、河北、云南、湖北、四川等 11 个省（自治区、直辖市）种下 4.75 亿棵树，绿化国土面积超过 33.33 万 hm^2。

（二）生物多样性保护成果喜人

蚂蚁森林联合大自然保护协会（TNC）、国际野生生物保护学会（WCS）、山水自然保护中心、桃花源生态保护基金会等 17 家公益合作伙伴，在北京、青海、陕西、宁夏、内蒙古、山西、吉林、黑龙江、云南、四川、安徽、海南、广东共计 15 个省（自治区、直辖市）参与共建 31 个公益保护地，总面积超过 $4800km^2$，促进了 1600 多种珍稀野生动植物的保护。

（三）生态价值实现路径初步显现

蚂蚁森林探索了政府主导、社区为主体、企业和社会力量参与的生态产品价值实现路径。2018 年，上线蚂蚁森林保护地的关坝村逐渐成为远近闻名的生态保护村，被新闻联播报道。蚂蚁森林鼓励牧民养蜂来替代养羊，减少畜牧业对大熊猫栖息地的影响；鼓励农民用传统方法来养殖中华蜜蜂，发挥其传粉作用，促进大熊猫栖息地的生态系统稳定，打造名副其实的"熊猫森林蜜"。2018 年，蚂蚁森林开始与四川平武合作打造"大熊猫蜂蜜"。2022 年，蚂蚁森林开发的关坝村熊猫蜂蜜获大熊猫国家公园特许经营品牌授权，成为第一批原生态产品。目前，蚂蚁森林平台累计销售大熊猫蜂蜜 3.5 万瓶，合计 19270kg，当地村民增收超过 150 万元。位于三江源国家级自然保护区通天河沿分区的嘉塘草原，于 2020 年上线蚂蚁森林保护地，通过"人人一平米参与生物多样性保护活动"带动了 1.4 亿人次参与建设。以社区为主体，成立了社区妇女合作社，以藏狐、雪豹为主要形象，设计藏狐、雪豹毛毡产品，借助毛毡产品向公众传播三江源生态保护知识，并增加妇女的收入，增强妇女应对气候变化的韧性和能力。嘉塘妇女手工艺小组开发的藏狐、雪豹毛毡已经打开了市场，年收入超过 10 万元。

过去 7 年，蚂蚁森林生态公益项目累计创造了 370 万人次的种植、养护、巡护等绿色就业机会，参与生态项目实施的老乡累计劳务增收 5.5 亿元。世界自然保护联盟与中国科学院生态环境研究中心对 2016—2020 年蚂蚁森林造林项目生态系统生产总值（GEP）的核算报告评估显示：当所属区域植被达到成熟状态时，蚂蚁森林生态系统生产总值将超过 113 亿元。蚂蚁森林通过数字技术，在 6.5 亿用户的共同努力下，成功地将生态修复、生物多样性保护和生态价值创造结合为一个整体，展示了一种创新、和谐、可持续的发展模式。

第五节　中国绿色碳汇基金会着力推动碳汇公益事业发展

一、成立背景

2009 年 6 月 25 日，中央林业工作会议在京召开，会议指出应赋予林业在应对气候变化中的特殊地位。2009年9月22日，国家主席胡锦涛在联合国大会一般性辩论中承诺，中国通过植树造林和加强森林管理，力争到2020年森林面积比2005年增加4000万hm²，森林蓄积量比2005年增加13亿m³，明确了林业在应对气候变化中的奋斗目标。

为动员社会力量参与林业应对气候变化工作，2010年7月，经国务院批准，在国家林业局、外交部、国家发展和改革委员会、财政部、科技部、环保部和农业部等部委的支持下，由中国石油天然气集团公司捐赠5000万元人民币作为原始基金，在民政部注册登记成立了全国首家以应对气候变化为主要目标的全国性公募基金会——中国绿色碳汇基金会（以下简称碳汇基金会）。

二、主要行动

碳汇基金会秉承"应对气候变化，发展碳汇事业，推动绿色发展，建设美丽中国"的宗旨，传播"绿色基金、植树造林，增汇减排、全球同行"的理念，充分发挥"桥梁纽带、探索示范、宣传教育、国际交流"等作用，服务国家应对气候变化战略目标和林业草原应对气候变化中心工作，广泛募集资金、精心实施项目、深入开展宣传、加强能力建设，已成长为有较高社会影响力和公信力的专业权威机构，为社会各界参与应对气候变化行动搭建起重要的平台。

（一）聚焦捐赠方需求提供公益解决方案

碳汇基金会把募集公益资金、实施公益项目作为核心任务，根据各阶段工作重点、捐赠方需求及受益人诉求等，创新合作机制，动员地方资源，着力为捐赠方创建专属公益品牌，设立"省（市、县）级碳汇专项基金""老牛生态恢复与保护专项基金""林草生态帮扶专项基金""为地球母亲专项基金""打击濒危野生动植物非法贸易专项基金""候鸟保护专项基金""中国虎基金""时尚气候创新专项基金""碳中和促进专项基金"等40余项。

创新提出"碳中和"公益项目，组织实施公益造林项目，用增加的碳汇抵销会议活动、经营活动等的碳排放，助力实现重大活动和机构运营"碳中和"。先后实施了联合国气候变化天津会议、2014年亚太经合组织（APEC）会议周、G20杭州峰会、联合国巴黎气候大会边会、2018世界竹藤大会、

2019 中国基金会发展论坛、中国绿公司连续 11 年年会、2018—2019 杭州马拉松、中国国际生态竞争力峰会等 60 多项"碳中和"公益项目。

研究实施差异化、定制化、精细化的公益解决方案。在河北、四川、陕西等地高标准、严要求实施蚂蚁森林公益造林项目，项目建设成效位居前列，获得捐赠方高度评价。先后为苹果、欧莱雅、奔驰、三星、肯德基等国际知名企业，中石油、春秋航空、香港赛马会、顺丰、申万宏源、中金公司、中国人保、高瓴集团、中兴通讯等国内知名企业组织实施公益项目。支持东北虎豹国家公园、大熊猫国家公园、海南热带雨林国家公园、武夷山国家公园等生态保护修复和野生动植物保护活动。

（二）推动林业碳汇标准研建以及试点项目落地

深入开展林业碳汇政策研究、标准建设以及项目试点等探索示范，是碳汇基金会的核心职责。为此，碳汇基金会携手清华大学、北京大学、中国社会科学院、加拿大不列颠哥伦比亚大学等国内外知名科研院所，组织开展了中国森林碳储量、碳汇项目方法学、交易办法、市场规则、碳汇产权制度、碳汇城市等前沿研究。多次林业应对气候变化工作、碳排放权交易管理办法、国家适应气候变化战略规划等向有关部门建言献策，开展碳汇能力巩固提升方案、森林"四库"价值实现机制、社会资本进山入林、福建林业碳汇工作调研，组织生态系统碳汇、基于自然的解决方案等研讨并提出政策建议，参加林草领域"双碳"国际标准制定推进协调机制，支持有关标准制定及国际标准前期研究。

碳汇基金会于 2010 年前，在北京、内蒙古、湖北等地开展碳汇造林和碳汇计量与监测试点。2011 年，与华东林权交易所合作在浙江义乌开展全国林业碳汇交易试点。2014 年，联合浙江农林大学、临安市林业局、华东林权交易所等单位研究建立"农户森林经营碳汇交易体系"并完成首批减排量交易，浙江省临安市 42 户农户户均增收 3000 元。受云南、内蒙古项目业主委托，合作开发了国际核证碳减排标准（VCS）机制下的碳汇项目并获得注册和信用签发。

（三）开展形式多样的宣传科普和国际交流活动

碳汇基金会立足中国、面向世界，率先提出"参与碳补偿，消除碳足迹"的低碳行为理念，积极倡导绿色低碳生活方式和消费模式，为共同推进低碳发展作出贡献。

2011 年 3 月，创办每年一度的"绿化祖国·低碳行动"植树节公益活动。设立了多个志愿者工作站，积极发展志愿宣传队伍。创办了"中国绿色碳汇节""碳汇中国行"公益活动，携手创建了全国首家"零碳创意馆"，举办应对气候变化媒体课堂，组织编写"碳汇中国"系列丛书及双语教材，制作我国首部林业碳汇科普宣传片《碳索之路》，举办"绿色中国行——走进美丽龙游暨中国绿色碳汇基金会 10 周年主题公益活动"。面向全国征集林业碳汇产品价值实现典型案例。联合中国气象服务协会、华风集团、腾讯组织开展"守护行动"碳中和科普宣传公益活动。联合中国野生动物保护协会与国际野生生物保护学会（WCS）共同举办"野生动植物卫士奖"评选颁授活动，联合中国纺织工业联合会启动中国时尚品牌碳中和加速计划，与野生救援等单位合作发布应对气候变化主题宣传片和海报。充分利用新媒体，建立了碳足迹测算平台、应对气候变化林业草原在行动微信公众号等，拓展宣传方式和传播渠道，获得广泛关注。

发挥《公约》缔约方会议观察员机构和世界自然保护联盟会员单位的作用，积极参与应对气候变化、生物多样性保护领域的国际交流。连年出席联合国气候大会等国际会议，多次主办和联办大会边会及中国角边会，宣传中国林业和草原系统应对气候变化成就，展示碳汇公益事业的新举措、新成果、新经验。

三、工作成效

（一）公益资金募集及项目成效突出

碳汇基金会成立至今募集国内外资金近 10 亿元，累计完成公益支出达 8 亿元，在全国 20 多个省（自治区、直辖市）实施和参与管理了生态保护修复和营造林项目，营造林面积超过 6 万 hm^2，为项目区农户就业增收、生物多样性保护、生态环境改善和社区发展作出了重要贡献，示范意义突出，生态效益、社会效益显著。2010 年，联合内蒙古老牛慈善基金会等单位启动实施的内蒙古盛乐国际生态示范区项目，2013 年该项目荣获中华慈善奖（第八届）"最具影响力项目"。2016 年，启动实施的"老牛冬奥碳汇林"项目，荣获第十五届（2018）中国慈善榜年度慈善项目奖。2019 年，设立的林草生态帮扶专项基金，带动近万贫困人口脱贫增收。

（二）碳汇领域专业能力普遍认可

碳汇基金会多年来在碳汇领域探索与实践，参与制定林业碳汇项目设计、计量、审定、注册、实施、监测、核证等碳汇项目技术标准体系和相关规则，获得有关部门高度认可。组织编写了 5 个碳汇项目方法学和《林业碳汇项目审定与核查指南》。与浙江农林大学合作开展的竹林碳汇研究成果获 2017 年国家科技进步奖二等奖。参与了新造林项目方法学的制定。组织编写"碳汇中国"系列丛书。资助全国林草碳汇项目信息管理系统建设。参与国家公园创新联盟工作，搭建自愿参与公益平台。组织开发了全国首个 CCER 林业碳汇项目并成功交易。

（三）国内外影响力逐步提升

碳汇基金会已经成为国际国内知名企业、国际非政府组织等首选的碳汇、碳中和领域公益合作伙伴。2011 年创办的"绿化祖国·低碳行动"植树节，成为当前互联网筹款种树项目的雏形。作为中方公益组织代表继续与大自然保护协会、自然资源保护协会、保护国际基金会、国际野生生物保护学会、世界自然基金会等开展前沿问题研究与传播。参与创办中国环境资助者网络（CEGA）。2012 年被《公约》秘书处批准为缔约方会议观察员组织，2015 年成为世界自然保护联盟会员单位；2013 年和 2019 年先后两次被民政部评定为 4A 级基金会；2015 年，获得"全国先进社会组织"称号；2023 年荣获第二十届中国慈善榜"年度榜样基金会"。

参考文献

段茂盛. 我国碳市场的发展现状与未来挑战 [N]. 光明日报,2018-02-27.

国际碳行动伙伴组织. 全球碳市场进展:2023 年度报告 [R].(2024-02-20)[2024-03-15].

国家应对气候变化战略研究和国际合作中心. 低碳发展及省级温室气体清单编制培训教材 [R].
(2014-03-28)[2015-05-24].

侯元兆. 林业可持续发展和森林可持续经营的框架理论(下)[J]. 世界林业研究,2003,16(2):
1-6.

李大强,樊宝敏. 历代《竹谱》及其文化传承 [J]. 竹子学报,2020,39(3):27-33.

李金良. 中国林业温室气体自愿减排项目案例 [M]. 北京:中国林业出版社,2016.

李俊辰. 南北减排角力 正视历史直面未来 [N]. 上海证券报,2009-07-13.

李怒云. 中国林业碳汇(修订版)[M]. 北京:中国林业出版社,2016.

李奇,朱建华,冯源,等. 中国主要人工林碳储量与固碳能力 [J]. 西北林学院学报,2016,31(4):
1-6.

刘海燕,于胜民,李明珠. 中国国家温室气体自愿减排交易机制优化途径初探 [J]. 中国环境管
理,2022,14(5):22-27.

钱国强,陈志斌,余思杨. 国际国内碳市场的发展展望. 气候变化绿皮书 [M]. 北京:社会科学文
献出版社,2013.

生态环境部. 关于全国温室气体自愿减排交易市场有关工作事项安排的通告 [EB/OL].(2023-
10-24)[2024-01-05].https://www.gov.cn/zhengce/zhengceku/202310/content_6912025.
html.

生态环境部. 关于印发《温室气体自愿减排项目方法学 造林碳汇(CCER-14-001-V01)》等 4
项方法学的通知 [EB/OL].(2023-10-24)[2023-11-21].https://www.mee.gov.cn/xxgk2018/
xxgk/xxgk06/202310/t20231024_1043877.html.

生态环境部:中国试点碳市场已成配额成交量规模全球第二大碳市场 [EB/OL].(2020-
09-25)[2021-05-04].https://finance.sina.com.cn/chanjing/cyxw/2020-09-25/doc-
iivhuipp6386493.shtml

王光玉,李怒云,米峰,等. 全球碳市场进展热点与对策 [M]. 北京:中国林业出版社,2018:215-
217.

王婧,杜广杰. 中国城市绿色发展效率的空间分异及驱动因素 [J]. 经济与管理研究,2020,41

（12）：11-27.

王群,范俊荣.森林碳汇机制下保护生物多样性的规制问题探讨[J].林业科学,2013,49（9）：148-152.

习近平.习近平著作选读（第一卷）[M].北京：人民出版社,2023：41-43.

肖文发,朱建华,曾立雄,等.森林碳汇助力碳中和的几点认识[J].林业科学,2023,59（3）：1-11.

杨玉盛,陈光水,谢锦升,等.中国森林碳汇经营策略探讨[J].森林与环境学报,2015,35（4）：297-303.

姚仁福,胡珠珠,贯君.森林碳汇与经济增长的互动关系[J].林业经济问题,2022,22（1）：73-79.

张乐勤,宋慧芳.安徽省经济发展与生态环境耦合协调评价与趋势预测[J].中国环境管理,2017,9（5）：77-83.

中华人民共和国政府.中国落实国家自主贡献目标进展报告（2022年）[R/OL].（2022-11-15）[2023-10-15].https://wzq1.mee.gov.cn/ywgz/ydqhbh/qhbhlf/202211/W020221111763716523691.pdf

中新社.中国七省市实施碳排放权交易试点　近十年累计成交额152.63亿元[EB/OL].（2023-09-07）[2023-10-15].http://m.chinanews.com.cn/wap/detail/chs/zw/10073420.shtml

周国模,姜培坤.毛竹林的碳密度和碳贮量及其空间分布[J].林业科学,2004,40（6）：20-24.

周一凡,刘烁华,姚顺波,等.森林碳汇对森林经营强度响应的元分析[J].林业经济,2021,43（11）：12-25.

BAO HUY,LONG T T.A Manual for Bamboo Forest Biomass and Carbon Assessment[M].Beijing：INBAR,2019.

BOLIN B.A History of the Science and Politics of Climate Change[M].Cambridge：Cambridge University Press,2007.

COLLINS,C.Forest and the carbon cycle：Emerging opportunities for native forest protection and afforestation in New Zealand[J].Conservation Advisory Science Notes,1996（9）：132

BODANSKY D.The United Nations Framework Convention on Climate Change：A Commentary[J].Yale：Journal of International Law,1993,18（2）：2.

CALSTER G V,REINS L.The Paris Agreement on Climate Change[M].Oxford：Oxford University Press,2017.

HEMPEL R B L C.The collapse of the Koyoto Protocol and the struggle to slow global warming[J].Princeton：Princeton University Press,2001,117（3）：494-495.

GUIHUA J,PENG-FEI M,XIAOPEI W,et al.New Genes Interacted With Recent Whole-Genome Duplicates in the Fast Stem Growth of Bamboos[J].Molecular Biology and Evolution,2021,38（12）：5752-5768.

HARRISON M E,OTTAY J B,D'ARCY L J,et al.Tropical forest and peatland conservation in

Indonesia:Challenges and directions[J]. People and Nature,2020,2（1）:4-28.

INBAR.New global initiative helps countries harness bamboo and rattan-to bring people out of poverty and protect forests[EB/OL]. Beijing:INBAR, 2015. https://www.inbar.int/resources/inbar_publications/press-release-gabar-launch/

International Carbon Action Partnership.Emissions Trading Worldwide:Status Report 2023[R/OL]. Berlin:ICAP, 2023. https://icapcarbonaction.com/en/publications/emissions-trading-worldwide-2023-icap-status-report

IVERSEN P.,LEE D.,ROCHA M. Understanding Land Use in the UNFCCC[R].2014.

DEPLEDGE J.The Organization of The Kyoto Protocol Negotiations:Lessons for Global Environmental Decision-making[M]. London:University of London,2001.

KIRAN PAUDYAL,LI Yanxia,TRINH THANG long,et al. Ecosystem Services From Bamboo Forests:Key Findings,Lessons Learnt And Call For Actions From Global Synthesis[R]. Beijing:INBAR, 2022.

KRISNAWATI H,ADINUGROHO W C,IMANUDDIN R,et al. Carbon balance of tropical peat forests at different fire history and implications for carbon emissions[J]. Science of The Total Environment,2021（779）:146365.

KRISNAWATI H,ADINUGROHO W C,IMANUDDIN R.et al. Building capacity for estimating fire emissions from tropical peatlands; a worked example from Indonesia[J]. Scientific Reports,2023,13（1）:1-8.

YIPING L,YANXIA L,BUCKINGHAM K,et al. Bamboo and climate change mitigation:a comparative analysis of carbon sequestration[R]. Beijing:INBAR, 2010.

MARIA S.VORONTSOVA,LYRMM G,et al. World Checklist of Bamboos and Rattans[M]. Beijing:INBAR,2016.

OMAR M S.Peatlands in Southeast Asia:A comprehensive geological review[J]. Earth-Science Reviews,2022（232）:104-149.

P.van der Lugt,J.G.Vogtländer. VEGTE. The Environmental Impact of Industrial Bamboo Products:Life-cycle Assessment and Carbon Sequestration[R]Beijing:INBAR, 2015.

WESTON C JI.Loss and Recovery of Carbon in Repeatedly Burned Degraded Peatlands of Kalimantan,Indonesia[J].Fire,2021（4）:64.

KUEHL Y,LI Y,HENLEY G.Impacts of selective harvest on the carbon sequestration potential in Moso bamboo（Phyllostachys pubescens）plantations[J]. Forests,Trees and Livelihoods,2013,22（1）:1-18.

ZHOU Guomo, SHI Yongjun, LOU Yiping, et al. Methodology for Carbon Accounting and Monitoring of Bamboo Afforestation Projects in China[R]. Beijing:INBAR, 2013.